大展好書 好書大展

超經營新智慧10

猶太
成功商法

周蓮芬／編著

大展出版社有限公司

序　文

現代，最熱心教育且在世界上的經濟、政治、宗教、文化、藝術、醫學、思想大眾傳播等各領域，皆有驚人成就的民族，除了猶太人之外大概再也找不出其他的了。

今天的我國，確實也對教育工作十分熱心，在經濟方面也有世界大國之稱。但與猶太人那驚人的力量比起來，卻不得不自嘆弗如。

猶太人那種力量的秘密，與其歷經五千年的傳統性宗教教育有關。如果這個流浪民族沒有受過這項教育，今日的世界歷史必定有相當的改變。

猶太人約在二千年前喪失了國家，直到進入本世紀後才建國。在這段長久的時間中，一直沒有祖國的庇護，而流浪於全世界，但他們也從各種迫害及異族所給予的屈辱中，學會了生存和戰勝一切的商業法則。

要從未經歷過喪國之痛的我們，去理解猶太人由逆境中所獲得的商業才能，這或許是件很困難的事。

然而，從這個比任何民族都要艱苦，雖為少數民族卻能領導世界邁入國際化，並建立全球性商業基礎的猶太人之想法和平衡感中，應有很多借鏡。

「人必須歷經艱苦、體驗過痛苦，才能夠成為大人物。」這句話隱喩著，猶太人是「由苦難和失敗中學習生存之道的民族」。猶太人今天之所以能夠在各方面皆獲成功，它的大部分成果，可說都是由淚水和努力結合成的產物。

本書是將猶太人的商業想法和成就，整理成一百項而寫成。若能因而對各位讀者有些許的助益，則實感榮幸。

目錄

第二章　實現願望的成功法則

第三章　商業挑戰的成功法則

第四章　控制世界的成功法則

第五章　倖存民族的成功法則

第一章　猶太商法的成功法則

1 願望是使人邁向成功的動力

每一個人都有願望，並且工作和生活的動機，亦由此而出發。其中成功的人，都是那些不滿現狀、想更加地提昇能力，使工作狀況更加好轉，朝著更大的願望努力的人。

想要成功但卻不願付出恰如其分的努力，這種人是無法成功的。能在各個領域功成名就的人，他們成功的路程決不是一路平坦的。他們必定是經歷許多不為人知的艱苦，走過無數險惡的道路。

看到今日猶太人的成功，除了心裡暗自羨慕之外，或許也有不少人感覺到，這是因為能力上的差距，但很少人會想到，這是他們在經歷了長久苦難的歷史和充滿血淚的境遇後，仍對將來抱持著夢想，拼死努力學到的成果。

每一位成功的人物，都存著一定要成為成功者的願望。而此願望便變成具有信念的行動，並成為能忍受常人所無法忍受的事物之力量，也就是，願望是達成想法的力量。

成功的人都是以「我能辦到」、「這是一個機會」的想法，去做失敗的人認為「我辦不到」

、「這太冒險了」的事，而且儘管不知道此事是不能夠成功，他也不在乎。

但大多數的猶太人，他們都認為人類所隱藏的潛力是無限的，不論是任何一位完成歷史性偉業的人，他都只是完成任何人都能夠達成的功業而已。他們從少年時起就接受這種思想教育，所以認定只要有正確的計畫再加以努力，就一定能夠成功。

無論做任何事，最重要的是要有「我辦得到」這種想法。而必備的知識、技術、經濟、環境、過去的體驗等的總和，將會成為自信，並產生「我辦得到」的信念。所以平常就致力於自我啟發，並且行動積極的人，也正是能夠獲得成功的人。

2 無中生有的猶太商法

在今天，世界上最有用的東西莫過於金錢。我們也常常可以聽人談到，沒有資本就賺不了大錢。

的確，若是沒有資本的話，不僅無法設立公司，也無法開始交易。但即使是擁有資本，而其資本是雙親所給予的財產，就算設立一家很風光的公司，卻也不見得能賺錢。反而那些越是資本雄厚的人，越容易失敗。

有資金就能賺錢的這個想法是錯誤的，其實賺錢與否真正的問題出在這個人的想法。現在是一個即使沒有資金，只要擁有一個真正能賺錢的構想，這構想就能為你帶來財富的時代。然而，尋找能在世上致富的構想的人不在少數，所以必須要是真正好的構想，才能夠立刻聚集財富。

過去猶太人的生活情形，是令人無法想像的貧窮悲慘。但是，他們不管過多麼貧乏的生活，仍對未來抱著希望，即使失去資本仍能夠使企業再度壯大的信念，卻是比任何民族都要旺盛。

這種信念可以說，由傳統式的教育中而成為了民族性。而這也造成了他們「無論是怎樣的困難，都能加以克服」的心理。

關於這一點，在日本人中就很少看到一匹狼式的獨立型的人，大多是組成一企畫小組、團體來行動的人。所以，待在固定的公司裡慢慢地等著升遷的人，遠比辭掉公司的職務自己出來闖天下的要多。而這也正是到目前為止，造成日本企業中人才穩定的原因，同時對於日本的經濟繁榮，也具有正面的助益。

但在觀察過最近日本經濟的動態之後，就會發現到自昭和六十年（一九八五年）九月以來的日幣升值現象，奪走日本產品輸出的生路，尤其是與輸出有關的企業，更是受了極大的打擊。

有人說，這是由於國際猶太資本的戰略所造成的。不過，仔細想想後就會發覺，戰後三十幾年之間日本經濟的快速成長，的確是太惹眼了。在富裕的日本經濟陰影下，競爭失敗的人，必定會嫉妒日本人，且對日本企業心存恐懼。

這或許也是日本企業在逐步地邁向國際化的過程中，所必須好好反省的。

3 賺錢的根本就是要有數字觀念

我們常聽人說，猶太人的數字觀念很強。若仔細想想猶太人為什麼會具備這種習性呢？其實正是因為他們平常就把數字帶入了生活當中。

一位企業家他的數字觀念很強，這是理所當然的；尤其是猶太商法的第一步就是要數字觀念很強。

而猶太商法是徹底實行現金主義。這也可說是，他們從數千年苦難的歷史中，所體驗到的生活智慧。而當他們在進行商業交易時，正是以此現金主義來評價對方。

明天會發生什麼事，誰都無法預料，不管對方是如何地可靠，但他畢竟也是一個受生命所限制的人類，沒有人敢保證他不會出任何意外。

為了保障自己明天的生活和生命，所以也就顧不得現金以外的東西。由於所有的一切都是以現金來評估，因此即使是擁有銀行長期的存款，也是沒有信用的。

這理由是我們這種生活在和平之中，且少有銀行搶匪和強盜，治安極佳的環境下的人，所難以理解的。

另一項理由是，將錢存在銀行，確實會因為利息的緣故而增加本金；但在儲蓄的這段時間，物價會上漲，若再遇上了通貨膨脹，其上昇的比例反倒使貨幣貶值。而且其本人若是遭遇某種意外因而去世，那麽存款就只能放在銀行，而且領出之後還得付出巨額的遺產繼承稅。

對猶太人而言，「不蒙受任何損失」，這就是最基本的商法鐵則。而將錢存在銀行，還必須付出繼承稅，這對他們而言是種極大的損失。

由此可看出，猶太人的現金主義將變化的社會環境，甚至死後的事都以數字計算一清二楚，這可說是種十分透徹的智慧。

一般說來，不論是多麽龐大的財產，只要傳了三代之後就變成零了，這是世界上任何一個國家的稅法所共有的特色。但是，猶太人在其所抱定的「不減少、不損失」的原則之下，他們的財產是只增不減的。

4 企業繁榮的關鍵在於大衆

不論做哪一種生意，如果沒有顧客的話，就無法成為買賣。吸引顧客光顧的最大祕訣就是服務。

正與重視顧客的道理相同，不重視從業人員的公司將無法獲得發展。肯為公司拼命的人才，是最重要的資產。好的人才要比金錢、土地和建築物更為重要。金錢和物品，無法發揮超越「物」以外的價值；而好的人才，若再結合其同伴的力量，將可發揮更大的作用，而且還能站在顧客的立場，發揮出具社會性的價值。

這也就是說，企業家本身就是顧客的代表。既然是顧客的代表，自己所想要的必定也是顧客們所想要的，如此一來便能朝向顧客所需要的服務而努力。凡是抱著這種心態來服務顧客的公司，必定能夠因為顧客所給予的風評，而更趨繁榮。

與顧客站在一起的企業，是能夠發展到任何一個時代的；反而失去顧客的企業，甚至無法維持到明天。在經濟環境更加嚴苛的今日，唯有與顧客站在一起的企業，才能夠繼續生存。

5 因應變化的選擇更重於努力

在猶太商人間常常流行著一句話，「只要以女人和嘴巴為對象，就不會差到哪兒去」。但在今天這種變化劇烈，同業間競爭過度激烈化的時代，雖說是賺錢的行業，卻也大意不得。而且即使是拼了命的努力工作，也不見得會成功。

世上的變化已經成為超速度的了。評論家和學者常常會預測十年、二十年後的未來；但對於經營企業的人而言，即使是想做這種長期的預測，也掌握不到目標，在長期投資中，對將來把存著計畫固然是很重要的；但在商場上，只需要「策畫未來的一年」就夠了。這是有賺錢之神的雅號的小林一三翁先生經驗之談。也就是，必須比別人看得更遠一點，然後再因應情勢的變化。

隨著世上的發展，時代也必須產生變化，只要你的思考能適時地因應此種變化，那也就沒有什麼好怕的了。

6 買賣就是要取悅顧客

由於高度成長期持續大約三十年左右，所以日本也確實因而變得很富裕。但是，日本所需求的昂貴商品，卻都是受猶太人管理的。

到海外旅行的人一年比一年多。我們也常常可以看到那些年輕人所買的東西，往往多到提不動的地步。而這些東西，大多是免稅商店買的。

對旅行社而言，購物早已被列為觀光旅行的一部分。

最近，由於日元升值的緣故，到海外旅行的人更多，而且也更熱中於購物。而在海外等待這些購物者來臨的，正是那些猶太商人。能讓顧客覺得買到了便宜貨而面露微笑的，也是這些猶太商人。

甚至專門博取女性芳心的高級裝飾品、鑽戒、胸針、項鍊、高級皮包、高貴的大衣等，利潤很高的商品，大半都逃不出猶太商人的手中。

而世界上的寶石，貴重金屬的團體，也都是屬於猶太人的。

其實，若是說現今的賺錢行業都為猶太商人所管理，這也並非是言過其實。

換個角度來看，猶太人對商業的熱中，他們在其中所下的功夫，也是其他人種所不及的。

近年來，日本隨著經濟上的越來越富裕，在購物方面一般人都偏愛昂貴的高級品，這正是有所謂「貴就是好」的心理從中作祟。

然而，能確實掌握這種心理的人，正是猶太人。原來定價為二～三萬日元的商品，在怎麼也賣不出的情形下，被多加了個〇後銷售情形竟出奇的好。

為什麼日本人就這麼容易中此圈套呢？這都是因為擁有比別人好一點的高級品，就顯得比較神氣的心理作祟，才會在不知不覺中，就買了比較貴的物品。真是要小心留意呀！

但是，對銷售者而言，由於收入了出乎意料之外的利益，自然是笑得合不攏嘴了。但若以長遠的立場而言，仍應考慮到適當的利益這個問題。因為，只有獲得顧客的信任，才有辦法長久持續下去。

7 因雙親之死所引起的商業聯想

擁有二〇〇〇年流浪歷史的猶太人，今天已在世界上十分地活躍，若究其原因，可回溯到過去當以色列被羅馬軍隊包圍，而使以色列幾乎到淪陷之時。

當時有猶太人偉大的導師之稱的班・查凱，他在幾乎被滅亡的以色列之不安與恐懼中，卻仍在思考要如何才能使猶太人獲得最後的勝利。

他當時在那種極限中的想法。正教育了後來倖存下去的子孫。而它就是「筆比劍更強」的想法。他的想法是，讓子孫們握著筆，藉著教育來創造將來民族的繁榮，以對抗當時自誇不滅的武力。

在面對這即將被滅亡的戰場，仍有追求民族如何獲得最後勝利的想法，這恐怕是一般人所做不到的。儘管時間不同，內容不同，人在這一生當中，一定會遇到一、兩次難以解決的問題。

在這時，若不從根本加以解決，這問題就會像滾雪球般地越滾越大，所以必須打從心理建設起。

這是發生在當興起歐洲第一大企業的羅斯查爾去世之時的事。

巨型的優良企業「荷蘭皇家」石油公司、「里歐‧德」金屬公司、「鎳」礦產公司、「迪‧比亞士」鑽石市場等等的超級優良股票，其股價竟在一天之內毫無來由地暴跌。吃驚的投資人競相賣出，而使股價一路滑到了谷底。

但是，沒有人知道究竟是誰在背後操縱，而此龐大的計畫又是為何。直到第二天，當報上刊出羅斯查爾家的當家去世的報導時，仍沒有人發現他與股價的暴跌有何關係。

在法國，死者所擁有的股票之繼承稅，是根據其死亡之時股價的最終價値而定。因此，當羅斯查爾死亡之時，其家人就將所擁有的大批股票拋售出去，藉著它的暴跌，合法地逃漏一大筆繼承稅，等到第二天再買回來時，就已獲取巨額的利益。這個繼承了猶太人傳統的家族，連親人之死，都不放過可以獲利的機會。

8 猶太商人的價值基準在於信用

曾聽人說，猶太人為了享受富裕的生活而拼命賺錢，而其中有很多人是以享受豪華的晚餐，花時間由內心去體會這一餐，作為其生存的意義。為了體驗富裕的幸福感，而拼命賺錢，這雖然不值得提倡。但是，希望過著更加富裕，這卻是各種不同種族的人共同的心願。然而，若以此作為使人生快樂的方法，那可就大錯特錯了。

猶太人只要確定想做某事的目標後，就會不計任何方法與手段使它達成目標。為此若需要金錢，就出去賺錢；需要材料，就去收集材料；需要土地，就去擁有土地。總之，為了達成目地，可以不惜一切地努力和忍耐。

然而，一般人首先便是注意到周圍的人。心裡擔心的只是，我這麼做的話，別人不知道會怎麼想。所以很少人會關心到，如何使自己成為一位真正會賺錢的人。

而猶太人他們決不會一旦遇到困難或不順利，就放棄原本的工作和目的的事發生。

這也成為從二〇〇〇年被迫害的歷史中倖存下來，在世界各地輾轉流浪的猶太人，與其他民族之間，生活思想上的最大差別。

猶太人十分執著於「與其拖到明天，倒不如把今天一天做到最好」的信念。

而猶太人在進行交易時，並不信任其他民族，只相信猶太人。在猶太人之間，不管有沒有訂定契約，只要是口頭上有過約定，就一定會遵守。但是對於異邦的人，就算是契約上訂下了規則，他們也無法相信它。

一旦有毀約的猶太人，這個猶太人就會被他的社會所擯棄。亦即古老的社會中，被逐出家門的意思。

所以，一旦打破約定的猶太人，是絕對不被允許再度成為猶太商人的。

不信守約定的人，就無法獲得其他人的信任，也無法獲得他人的援助。所以這種人自然也就無法有所作為。

9 有利於社會的企業才會成功

現代人以自己的想法而生活，對自己能夠參與的事物才感興趣。在公司裡工作，其情形也是相同的。

無法感受到這項工作的意義，就無法做好這件事，那麼，要怎樣才能使人感受到工作的意義呢?關於這一點，其企業的經營，首先就必須是有利於社會的。

公司的經營方針一旦是正確而明確的，為使之更趨向上，員工們也就會基於使命感，拼命地為公司貢獻心力。

在了解拼命工作的目的不僅是為個人，而且還是為了全世界之後，員工基於驕傲來工作，所做出來的成果也就更完美。

仔細想想，一個企業若不對世人有所助益，那員工也就失去了工作意願，所以也就無法渴望獲得很大的成功。因此，任何企業都必須對社會的進步有所貢獻，這樣它才可能獲得成功。

10 在商業上損失就是罪惡

商業為的就是賺錢。企業必須獲利，才能生存下去。等到被對手打敗後，才把為什麽失敗的理由列出來，這時已經絲毫沒有用處了。

在商業的競爭世界裡，不賺錢的人就是失敗的人，也就會從此消失無蹤。也就是說，弱肉強食是商業上的法則。正是所謂勝者為王、敗者為寇。

有人認為賺錢是一種罪惡。一個企業一旦蒙受損失，或是倒閉的話，不光是該公司的職員，就連其家庭生活也會產生不安，甚至變得生活無著。

若是變成如此，企業就無法保障其社員的生活，於是這就成了一種罪惡。所以，在商業的世界裡，不管遭遇什麽事都必須要賺錢。唯有如此才能生存下去。

但是，若是因為夢想一下子發大財，而去玩股票或走投機線，這都是無法賺錢。而且若真是以此種方式來賺錢，那也就沒有資格在商業界作生意了。

11 驕傲是商業的敵人

沒有經歷過任何艱苦，而是因為一時順利和好運賺大錢的人，常會自以為才智過人，而這種人往往也容易招致失敗。

因為個人的經營而獲得某種成就的人之中，有很多人都過分地相信自己的能力。在商業上和經營事業上都是一樣的，居上位的人太誇耀自己的能力，認為部屬的能力不足，這家公司就不可能有更好的成長。

既然身為老闆，就必須比任何人更認真地考慮到提高員工的能力以及員工們的教育。若不如此，那只會顯露出老闆的怠慢和不負責任。若他還責難員工的進度落後，那就真是太豈有此理了。

這種公司是不可能有發展或成功的，等他再想到這是人的因素時，就已經太遲了，而且他的企業也無法再繼續地成長。

在猶太人的社會中，為了在日常生活裡也能常常心存謙虛，所以在頭上戴著一頂圓盤般的帽子的習慣。

虔誠的猶太人常常會戴著這樣的帽子，尤其是到以色列旅行時，所到之處比比皆是。

在聖地祈禱時，更是所有人都必須戴上這種帽子。也有人不懂這究竟是為什麼。其實，它的目的是在告訴人，人上有人、天外有天。

這也就是叫人不要忘了，還有比自己更高，更偉大的人存在。

的確，有了這種想法，就不會再認為自己是高高在上，而傲慢無禮了。

謙虛的人會永遠受人讚賞與信賴，為了在商場上獲得成功、減少敵人、獲得更多人的信賴，這才是最重要的。

12 辛苦是成就事業的肥料

每一個人都經歷過辛苦，問題是，由於每一個人應處這辛苦及解決它的方式不同，而使得他的未來價值也完全不一樣。

世界上有不少人喜歡逃避辛苦，尋找快樂的途徑。這種逃避苦難的怯懦精神，就沒有辦法在商業界出人頭地。因此，應該要把苦難想成是，促使自己成長的肥料。

許多人都有最好是能夠快快樂樂地賺錢，這種溫室花朵的想法。但猶太人的生活思想，從摩西時代起所歷經的一切苦難，到三千數百年後的今日他們也依然記得，所以每年春天他們都會舉行名為「佩沙哈」的祭典。這祭典是在紀念他們的祖先從帕洛王的暴政下，逃出埃及。

在這祭典中，他們藉著吃苦葉、煮硬的種子，來體會祖先當時的艱苦。

受了這項傳統的影響，猶太人雖不致去追求辛苦，但當他們遭遇困難時，決不會半途而廢或灰心放棄。

所以，只要簽定了商業上的合約，不論遭遇任何事他們都會堅守承諾。只要對方曾經一度違反過契約，猶太人再也不信任他。在猶太人的商法中，辯解是沒有用的。所以，也不會有道歉了事這等事發生。

一旦打破約定，最後的下場就是無法在此業界生存。由於在商業上的真心合作，所以能夠期待獲得較大的成果，如此一來不只是增加彼此的信任，雙方的獲利也隨之增加。

不論是從事何種行業，都會遭遇到困難、艱苦的時候，若將艱苦視為困難而感到疲憊，那也就再無法全心投入於工作中。

反之，若藉著由艱苦中體驗生命的意義，並仍努力不懈，來細細地品嘗工作中的辛苦，這樣反而能獲得意想不到的成果。

從艱辛中感受到生命的意義，並且心存感激，這似乎是很矛盾的想法，但在其中也正隱藏了人生的妙趣和成功的祕訣。

13 在二週內成為億萬富翁的構想販賣

所謂買賣，就是指永遠保持著交易的關係，為使這種關係能長久維持下去，就必須提供使顧客感到滿意的服務。

而這種服務，包括質、量、精神等內容。亦即商品的品質，對此價格的份量，富有誠意的待客精神，當然最重要的還是，以站在顧客的立場來思考的精神。

以這種心態來作生意的話，必定能獲得顧客的認同。既得到了認同，也就必然能獲得信賴，如此一來雙方都很愉快，而其長處也就自然地顯現出來。

在前面曾經提過，和猶太人進行商業交易時，最重要的是遵守合約以取得信任。

這讓人想起，大約在十幾年前墨西哥奧運時，一位出生在日本三重縣姓池田的青年，他僅僅在二週之間就賺了相當於當時金額三億日元。

他從學生時代起，就在世界各地旅行。缺乏盤纏時，就到紐約旅行代理商打工，為日本旅客當導遊。當時，到海外旅行的日本人還很少，那些由日本導遊帶領，遊覽異國的觀光客，常常都會很放心地以昂貴的價錢買下導遊所介紹的鑽石。

當然，經營珠寶商店的，正是猶太商人。這位池田的年輕人，就藉著介紹觀光客到猶太人的商店來抽成賺些錢。

當他存了數萬美元後，剛好遇到墨西哥奧運，他認為這是將墨西哥的土產蛋白石，賣給這些日本專程到墨西哥觀光旅客之最佳機會，於是他立刻飛往墨西哥，準備了簡單的小冊子及名片，將所有的錢都用來採購蛋白石。

以後，每到夜晚，他就去找尋有日本旅客住宿的旅館，然後把蛋白石攤開在他們面前。一夜之間就全部銷售一空。

第二天，他又包了一輛計程車，到出產原石的礦區去買原石，然後立刻請人研磨，將採購後所剩的錢存起來。然後再去機場迎接旅客。就這樣，他光靠著計程車來回奔走，就在很短的期間內成了億萬富翁。

14 景氣不佳時就要充實賺錢的本質

常有人以因為運氣不順所以沒賺錢，因為景氣不好所以沒辦法，來作為辯解的理由。

景氣不佳，這是世界性的大動盪，並不單是某家公司的問題，凡是相關的企業都會受到景氣不好的影響。然而，其中一定也會有些公司會賺錢。

平常就以健全的經營來從事堅實工作的公司，愈是不景氣就越能延續其企業生命。

這也就是說，遇到不景氣時，就越能明白地表現出企業體質內容的差異。

所以，凡是以景氣不佳所以沒有賺錢來推卸責任的人，是絕對成不了大器的。

不論景氣的好壞，環境所給予的條件是一樣的，而其中有人會成功，有人則慘遭失敗。

在猶太人的商法中，今日最受人矚目的是，它已超脫了景氣、不景氣，而是逆境、苦難的過程中，謀求生存賺錢之道。而其拼死奮戰不懈的結果，便是成就了今天的成果。

像猶太人，他們就是在簡直無法生活的環境中求生存，在根本賺不了錢的困境中，思考該如何做才能過更富裕的生活。這也就是即使是在不可能的環境下，仍為謀求可行之道而努力。

所以，景氣不佳時，反而是個認真思考該如何在此不景氣中，充實足以生存下去的本質，該如何做才能增加收益，尋求改善本質之道的好機會。

企業本質的改善工作，在不景氣時要比景氣時更容易做，員工們在景氣時，常常聽不進任何話；但遇到了不景氣時，因為行動受阻而感到擔心，所以也就會想到必須做些什麼，因此這時也是最容易接受新教育的。

而能否完成此企業本質改善的公司，其將來的命運也大小不相同。

15 忙碌的人無法賺大錢

不論是選擇任何行業或工作，剛開始都是最重要的，但是若以賺錢為目的，選擇何種行業，反而要比努力更重要。猶太人有句俗話「訂定計畫就等於做好百分之八十的工作」，所以他們在進行交易之前，都會先徹底地作番思考，訂定出合理的計畫。由於他們將有限的時間做合理的利用，所以也就能夠騰出空閒的時間。

沒有空閒的人，不僅無法想出好的主意，就連別人的忠告也會聽不進去。

而確立目標後，即使是很有計畫性地開始進行交易，也不可能一切完全按照預定計畫進行。不論是計畫有所偏差，或是遇上了意料外的阻礙而必須改變方針，這類的情形也決非罕見。

在這時，沒有空閒時間的人，不僅無法冷靜地掌握事態，謀求適當改善的策略，而且還常常容易陷入致命的狀態中。所以猶太人的商法中，忙碌的人是無法賺大錢的。

16 在商業競爭中必須取得先機

為了要使經營健全、增加收益，就必須具備能先一步感受到世界動向的感覺。

所謂「先下手為強」。常常站在消費者的客觀立場，進行有社會價值的工作，這點是非常重要的。

即使是能預知三年、五年、五十年後的事，但所預知和所採取的策略並不一樣。若因預知此後的發展，而將所有的行動都移向未來的計畫，那麼大眾之中是不可能有人了解你在做什麼，結果仍將歸於失敗。

所以，正確的做法應該是，以大眾所能了解的前一手為目標，與其想做敵對的公司不知做了沒有，倒不如自己先一步地行動，搶走對手之前先掌握行動的先機。

而這種搶先一步的行動，正是商業發展成功的條件之一，不論做任何事，凝聚智慧、取得先機，這都是最重要的。

17 遊樂也能發展事業？

現在正從事工商業的人，或是打算開始進行某種新行業的人，只要在工作時意識到我現在正在工作的話，就不可能成就出什麼大事業。

在成功的人中有各種不同的類型，有的是心無旁顧全心投入工作之中而有所成的人。而這些成功的人中，有的不少是常打高爾夫球，或是網球的人。有時，在遊樂方面比人強的人，也能夠成就一番大事業。

一般人都認為，玩樂太多的人成不了大器。但是，一面打牌或玩高爾夫球時，仍不忘商業上的事的人，或是即使玩得很快樂仍一面在尋求經營策略的人，他們在遊樂之中可以得到能夠進行一項大交易的客戶，可以想出突如奇來的偉大策略。

若是希望能成就一番偉大的事業，卻無法超越悲喜，伺機掌握商業契機，這樣的人是不可能成功的。

猶太人向來都被人認為他們很會賺錢，而這正是他們歷經常年苦難的歷史後，才能成為今日猶太人成功的力量。在歷史上有許多的民族和文明，然而在這麼多的民族當中，能在失去國家長

二〇〇〇年之久後，又再度建國的偉大民族，除了猶太人之外再也找不出其他的了。

而猶太人是個喜歡開玩笑的民族，也是個最懂得享受人生的民族。

今天在各個領域皆有驚人成就的猶太人，倘若沒有要使人生過得更有意義，而盡情於玩樂的想法，恐怕也不會有今天的成就。

18 猶太商法五千年的法則

「以女人和嘴巴為目標」，這是通用於古今中外的最佳賺錢方法；而在猶太人的商法中，從很早以前就將它視為公理。

首先，暫且以女性的立場來思考，一般的家庭通常是由女性來控制使用男性在外工作所賺取的金錢，來維持家計生活。所以握有錢包的是女性，因此必須要「向女性攻擊」，才能打開錢包。

的確，女人是要比男人會花錢。因為女性都有「最重視外表」的特徵，所以她們永遠不會忘記在鏡子前打扮、化妝。

所以從這一點看來，以女性為對象的行業，將是賺錢的捷徑，而且也是猶太商人常掛在嘴邊的話。

為了愛美，不惜花錢買昂貴的高級化妝品、豪華服飾，甚至名貴的珠寶、高級皮包等，淨是些高利潤的商品。

若再提到女人愛買東西這一點，因為別人的一句話或是流行，而將東西一個個買回家堆起來的人也不少。

所以，若想賺錢的話，首先就是要經手女性用商品。但是不要忘了，在今天若要經手這方面的行業，還得具備某種程度的感官商才。

至於提到「以嘴巴為目標」，這第二種商法並不需要特別的才能和能力，而是任誰都做得到的行業。因為它只不過是個經手「食物」的行業。然而，經手食物的買賣工作之所以能賺錢，是因食物進入口中；經過數小時之後必定會被消化掉，而成為廢棄物被排泄出來，人既要進行生命的活動，就必須有食物，所以凡是能進入口中的商品，就一定能賺錢。

話雖如此，在食品業界並不像豪華服飾和裝飾品那麼好賺。

例如，若想藉著餐廳裡的西餐、麵包來賺進數百萬元，那非得下番很大的工夫不可。但是，若是經手鑽石和高級的毛皮大衣，那就不需花費什麼力氣了。

因此，在「猶太商法五千年的法則」中，所以會把以女性為目標的商品列為第一，以口為對象的商品為第二，其理由正是從利潤效率中比較出來的。所以，凡是立志賺大錢的人，首先就得好好地想想猶太商法中的第一利潤效率。

19 猶太人的商業契約從五千年前就開始

若提到猶太民族的歷史，那就得回溯到五千數百年前。猶太民族的發祥地，也就是聖經中的背景——底格里斯河和幼發拉底河流經的肥沃地帶，在此大約於五千年以前，就已擁有高度的文明和鼎盛的商業活動。

當時，過著半遊牧生活，在這塊土地上輾轉遷移的猶太民族，藉著和其他民族及原住民之間所締結的詳細契約，來處理井水使用、居住民地區、部族間的衝突。

而世界上最古老的商業契約書，也就是從這個地方挖掘出來的。

我們之所以說猶太人的商業行為是起自於契約，這是因為它是由長期的傳統生活習慣中所演變出來的。因為當他們和其他民族進行交易時，只要訂下契約，他們就可以放心地進行商業行為。

至於我們的生活習慣，由於長久以來一直很少和其他民族接觸，在商業交易上也以相同的民族為對象，因此一直都是以互相信賴的態度來進行交易。

最近，由於商業敏感度的提高，以及傳播媒體大肆宣揚那些敗壞商業道德的事例，使得商業行為日趨惡化，所以在這種即使是訂定契約也不能完全放心的時代，對任何事都不能不慎重。

對猶太人而言，神與人之間也有契約關係。人類如果肯遵守和神之間的約定，則神就能保證讓你獲得幸福。反之，如果違背與神之間的約定，神就會嚴格地審判你。關於這段歷史，是透過聖經來教育下一代，在當時的猶太人，經歷了城市被毀、國家淪亡、民族受廹害等等苦難。

所以猶太人從小就對聖經上的事很熟悉，他們很了解祖先們因為違反約定而受到上天懲罰的恐懼，因而成為一個深切地感受守約的重要性的民族。

所以，凡是猶太商人都必定會嚴格地遵守契約上的約定，相反地，他們會要求對方也必須嚴守約定。

一般我們在交易時，多少都會有些通融；但是對方若是猶太人的話，不管遭遇了任何事，都決無通融的餘地。這不單只是因為宗教上的理由，更是維持了契約的可靠性。而這也就是今天的猶太人，能在商業上獲得成功的主要原因。

20 猶太式商業的精髓在於勤苦的商法

建築了世界上最大的金融王國的邁亞・羅斯查爾，他為流浪民族之子。十八世紀初期，他一直住在德國法蘭克福的猶太人街道。

他的父親以經營兌換業和雜貨商店為生，家中生活並不很富裕。

到了邁亞十歲左右，就和雙親學著做生意，他對古幣和貴重金屬很感興趣。在當時，沒有對古幣感到興趣，窮人所關心的是，如何能獲得現在所能用的錢。

但是，邁亞在具備了有關古幣的知識後，便決心以經營古幣的生意為目標。然而，這個機會卻總是不降臨。不過，天生即具有堅強耐力的邁亞，卻一直以最完善的努力，來等待這機會的到來。

有一天，邁亞的機會終於來臨了，當時邁亞的一位知己在一貴族家中擔任將軍，由於他的緣故使邁亞得到其所蒐集的古幣之機會。對方由於佩服邁亞關於古幣的豐富知識與幽默的談吐，所以就將邁亞的古弊全部買下。

獲得貴人相助後的邁亞，他一面設法提高更高的服務，一面仍孜孜不倦地努力。

購入珍奇和有來由的古幣後，便可將他們編成目錄，然後寫一封親筆信寄給顧客。在今天，這雖然是沒什麼稀奇的通訊交易，但因為它是發生在二百年前，所以堪稱是一項劃時代的新知。就這樣，邁亞開創了交易革命。

邁亞在古幣上的豐富知識，是為同業所不及的；而其獨特的邁亞商法，更是衆所周知。但是，邁亞每天仍然很謹慎地處理交易工作，由此體驗中琢磨出服務和商業的知識。勤苦不懈的邁亞，由於任職於宮廷的將軍之故，而使之努力的成果得以受到賞識。靜待此機會到臨的邁亞，因為將此珍貴的古幣和有來歷的古幣以極低的價格賣出，因而獲得信賴和喜愛。而這次交易的成功，也正是促使他成為後來的大富豪羅斯查爾的契機。

21 猶太商法成功的武器為何？

猶太人在中世紀時受到周圍民族強烈的廹害，所以才磨練出商業上的才能。而猶太人一旦因某種成功而顯露頭角，就會受圍繞在周圍的其他民族嫉妒，然後以一些莫須有的罪名加在他們頭上，或讓他們成為代罪羔羊。甚至還沒收他們的財產、追回土地，使他們受集體的暴行而平白犧牲生命。

猶太人最重要的武器可說是「教育」。不論是從事於商業、文化、藝術、政治工作等，教育水準太低就無法領導社會、勝過他人。因此，猶太人無論在任何時候，都決不會忽略「教育」的重要性。

第二是頑強的精神。他們因為不願再度嘗到過去祖先在埃及做苦工的日子，以及被羅馬軍滅亡後造成民族離散的悲劇，所以不論遭遇什麼事，他們都會頑強地生存下去，以求最後的勝利。

第三是民族的信賴關係。有「契約之民」之稱的猶太人，他們非常了解若是不遵守和神之間的約定，將無民族幸福可言。因此，在同一民族的猶太人之間，必然擁有絕對的信賴關係。對猶太人而言，打破約定相當死亡的同義字。

所以，基於彼此的信賴，他們和住在其他國家的猶太人，也能安心地進行交易。

猶太人最強有力的武器是看不到形狀的，也就是無形的。而它也就是，提高猶太人自己所隱藏的才能，等到機會來臨時，就以不屈不撓的精神，發揮他所貯備已久的能力。這也就是他不同於其他民族的地方。

22 謹慎地處理金錢

會賺錢的人可能是個大企業家，但未必是個有錢人。能否成為有錢人，其主要的分別是在於，他是否能夠很謹慎地處理金錢。

不管是多麼會賺錢的人，只要是浪費成癖，花錢很大方，就不可能存錢。

但是所謂會存錢的人，也未必是指特別小氣的人，只不過是他們懂得使支出的錢小於收入的錢而已。只要過著低於收入的生活，這樣也就能夠存錢了。

只要能夠「量入為出」的話，就自然能存下一點錢。不過這話說起來容易，要去徹底實行恐怕就很困難了。

然而，只要將金錢視為很重要的，這樣就不會隨便浪費，而能夠謹慎的處理、重視金錢，節省金錢，這樣就能夠有積蓄。而且這些辛辛苦苦貯存起來的金錢，還能培養出相當其價值的才智。

23 不識時務者無法賺大錢

近來世間的動向，可說是越來越多樣化、複雜化且加速化了。在這瞬息萬變的時代中，若不具備能洞悉時代潮流的適應能力，將很難在其間生存下去。這個世界越是趨向於速度化，在商業界中賺錢的人和賭錢的人，差距也就越來越大。

不管在任何時代，都有人能賺很多錢。而他們都具有先見之明，懂得配合當時的時代需要，以及超出常人的努力。

每個人都希望不經辛苦就能有所成，不花力氣就能賺大錢。但是，從古至今沒有人是不經任何努力而成功的。

正如「不義之財無法守住」這句話所說的，不費力氣得到的錢，往往會很快地就被用盡。買些沒用的東西，到處浪費，這反而是自找罪受。

印度聖哲甘地也曾說過：「不經勞動的報酬是種罪惡。」人類是過著社會性的生活，這也是從事商業工作時所必須牢記的。

24 生命的意義並非全為了賺錢

世界上幾乎每一個人都以各種不同的方法在賺錢。正如「這世界是靠錢在推動的」、「沒有金錢辦不了的事」所言，在這個世界上金錢的力量的確是很大。只要是以自己的力量勤奮地貯存金錢，不僅可以使本身獲得自信，就連在社會上的信用也會提高。

但是，大多的人卻都希望能比別人更輕鬆就賺得到錢，能不流一滴汗水就成為大富翁。因而，有的人更會受到金錢的誘惑，以及社會常識的偏差之影響，為了金錢不擇手段，其下場便是成為造成傳播媒體為之轟動的經濟罪犯、詐欺犯、銀行搶匪等等。

將金錢視為一切的人，容易被金錢蒙蔽雙眼，往往會為了錢而失去個人未來的生活、叛棄朋友、誤觸法網。

猶太人對金錢的看法是，「金錢能給一個人好機會」，所以並不是為了金錢就可以胡作非為。

在猶太人今日的生活圈中，由於為政者也親身體驗過艱苦，所以並不肯收受違法的金錢，而只是憑著智慧賺取合法的金錢。

猶太人並不像基督教信徒那樣，把金錢當作是一種污穢的東西。他們認為，錢是賺得越多越好；至於那些不會賺錢的人，就是沒有能力的人。

的確，在這物質生活富裕的文明世界，沒有錢的話就買不到任何東西，也就無法生活。但若仔細想想的話就會發現，有些東西是用錢買不到，但卻非常重要的。例如人的生命、幸福的心以及自然環境，這些都是用金錢所買不到的。

有了錢的話就能住在一幢擁有廣大庭院的房子裡，或許還能藉著金錢稍稍延續一下生命；但是人生的真正意義、生命的尊嚴，這些都不是金錢所能換來的。為了生存必須要有物質享受，但也不能因而忽視人生中更深層的精神喜悅。

所以仔細想想猶太人之所以能在商業上成功的祕訣，其主要的關鍵還是在於他們很注重精神生活。

25 若不謙虛則無法開創成功之道

人生原本就是在一條不平坦的道路上成長與發展。只愛把任何三個人他們一生中所經歷的各種遭遇匯集起來，就可以寫一本很了不起的劇本，拍一部可看性很高的電影。

任何人的一生中，都會有喜怒哀樂，而且每個人的經驗也各不相同。在這個地球上住了將近五十億人，而其中卻沒有人是命運完全相同的，而這正是人生中最令人感興趣的部分。

從出生的時代、環境、人種、祖先、皮膚的顏色、性別等，沒有一項是能夠依照自己的意識來選擇的。

仔細想想，人生只不過是受超出自己意識的命運所操縱的。我並非宿命論者，但這卻是自我生命誕生後，到十幾年前之間，所獲得的感觸。

地球上開始有生命的誕生，大約是在三十二億年前左右。當一百數十萬種生物在這大地上進行了無數的生命活動後，最後才輪到人類生命的誕生。這個生命體，他的所有生命進化都必須在母親的腹中，以僅僅十個月的時間來完成，然後才能成為一個人類奇蹟式地誕生。這三十幾億年的生命進化，如今竟然能夠以如此快速的速度造就出一個人，這怎麼不讓人感嘆生命的偉大呢！

正如「自己生命的高貴要靠自己去感觸」所言，人若是失去了飲水思源的心理，那麼生命的偉大、健康的重要、拼命努力所獲得的成功，也就全都喪失其意義。

若是你肯對自己生存至今所擁有的一切心存感謝，那麼你將會開啟你那從未打開過的心靈，也能自然地發現到具有生存意義的機會。

在猶太人的聖書猶太法典中，有一段有趣的故事。

根據聖經中天地創設的過程，一開始是神創造了天地，然後是所有的生物，最後才創造了人。猶太法典主要是在說明，人在所有被先創造出來的生物面前，應該感到謙卑。

由於人們很容易傲慢、驕縱，所以猶太人便以此故事來警戒自己。

人為了要了解自己，就必須要謙虛，否則將無法發現自己的價值。況且，一個驕傲的人是無法開創出成功的大道。

26 在商業界講究的是現實利益

在前面我也曾經提到過，猶太人所相信的，是數字、是現金。也就是說，在猶太人的商業思想中，最重要的就是為了要賺錢而獲取利益。

猶太商人可說是為了利益而生存，所以即使是多年來，由血汗凝聚而成的公司，只要認定它不可能再賺錢了，他們就會很乾脆地撒手放棄。所以他們決不會發生像日本人那樣，明知沒有救了，卻仍抱著與公司共生存亡的感傷自殺想法。猶太商人所貫徹的是極為冷酷的理性主義。所以，就算是自己所經營的公司一切都很順利，但只要能藉著賣掉公司而能大撈一筆，他們也會毫不猶豫地放手。

對於猶太商人而言，為了獲利不論是公司或者是契約書，只要合算的話，就都能成為商品。在猶太商法中，公司和工作，只不過是謀求利益的工具而已。

27 勿聽信運氣好就能賺錢之類的話

在和猶太人進行交易時，契約具有極其重大的意義。一旦毀約的話，就失去再度交易的機會。所以，在猶太人中決沒有不交換契約就進行交易的事。

近來，藉著各種不同的契約所進行的商業行為也就越來越多了。人壽保險的合約書、銀行的契約書、不動產、購買物品的貸款合約等等，都是以極小的字體，寫滿了既複雜又看不懂的文字。原本契約書就該是種能讓人很容易了解的東西，所以那些推薦的話、讚美的話，就沒有必要寫上去。

在契約書中所列的事項，大多是對消費者，購入者不利的。所以，必須要在充分了解之後才能蓋章。若是事前隨便就蓋了章，到事後才後悔，那也是於事無補的。

此外，不要聽信那些不需努力只要靠運氣就能賺錢的話。因為容易聽信這種話的人，是怎麽也不會成功的。

28 構想的好壞要以結果來判斷

在這多樣化且個性化的時代，商業交易要比以前更加嚴苛與困難。但是，有的公司卻能夠不受低潮、高潮或是市場上激烈變化的影響，依然大賺其錢。

在猶太人的商法中，「賺錢不能靠薄利多銷，而是要從附加價值中獲取利益」。

的確，薄利儘管能夠多銷，但所獲得的利益畢竟有限。其最後的下場往往只是白忙一場。獲利太低的話，只要稍遇挫折，就會面臨不知何時會倒閉的危險。

那些因廉價大拍賣而弄得自己岌岌可危的商店，甚至以打折扣來競爭的百貨公司等，他們的經營狀況可說是越來越危險，有的弄到最後不得不歇業。所以，既然是在經商，就必須賺錢。

只要是無法獲利，就算是這家公司有多麼偉大的理想，也是無法生存下去的。

若想因獲利而使事業成功，首先必須擁有更有效的獲利構想。最好還要將此構想付諸實現。

有人認為要能先知先覺才行，有的則說好的人才才是最重要的問題，更有人把資本放在第一位，儘管每個人的意見各有不同，但是若是什麼都不做的話，那又怎麼能得到結果呢？

關於這一點，是由猶太人這個體驗過世界上最艱苦的滋味，最了解現實社會中的生活藝術的民族所提出來的。他們的夢想和理想要比一般人高，但他們都不會沈溺於這夢想中。

對任何事都以理想的現實主義來貫穿，見機將一個個的理想付諸行動，並使之成功。

所謂「要有經營才能得到結果」，為了獲得好的結果而將一切交給他人來經營，到了經營不善時才來哭泣，這是決不通用於猶太商法的。

他們的看法是，只要工作態度和方法正確，就不會遭到失敗或被消滅。

擁有成功的條件，卻不但沒成功反而招致敗北的結果，這是因為工作的方法和努力不夠所致。

成功的人做了應該成功的事，就能成功。而失敗的人也是一樣，正是因為做了足以導致失敗的事，因而帶來失敗。

29 以建立幸福家庭為重的汽車大王

出生在密西根州農家的亨利‧福特，他從少年時起就對機械很感興趣，於是便到底特律去擔任機械工。

後來，成了愛迪生電器公司的技師。熱心從事於研究工作的福特，以後便自己動手進行汽車的製造，到一八九二年時，他成功地製造出一輛屬於自己的汽車。

其後，福特在底特律設立了汽車工廠，為了降低生產成本，他使汽車的製造成功地邁向了自動化，並因而使汽車成為大衆化的交通工具。直到今日福特系統仍舊廣為人知，而他也因此一躍而為世界第一的汽車大王。

當福特成為大實業家後，有一段很讓人感興趣的小插曲。那就是福特一直沒有自己的房子。而他開始想到要為自己建造一幢房子時，是在他的汽車事業非常成功，並且被譽為大富豪之後的事。

當他的朋友們聽到他想建造一幢屬於自己的房子時，都認為他必定是要建造一幢氣派非凡的豪華宅邸，所以紛紛主動要來幫忙。

然而，福特卻對其友人說：「我只是要自己設計一幢我最喜歡的房子，所以不需要他人的協助。」而拒絕了朋友的協助。

當時，福特所設計出來的房子，竟是一幢非常簡陋的小房子，他的朋友看到這房子之後，無不大吃一驚。

雖然有人向他提出忠告「身為一位大富豪，住在這麼簡陋的房子裡，是否不太相配？」但是福特始終未改變自己的想法。

然而，更讓他的朋友們吃驚的是，這房子的建造地點。過去，福特由於生長在農家，所以常常得在泥濘中工作，而如今，他就把自己的家建立在田地的一角。

福特告訴了他的朋友，他所抱持的信念是「我並不打算住在一幢大宅邸裡，因為在這兒我可以建造出一個最好的家庭。」

每個人都認為，擁有上萬財富的福特，必定會建造出一幢非常大的豪邸。但是福特卻認為，建造一個幸福的家庭，要比建造一幢外表華麗的房子更為重要。

這或許是猶太人式的想法，與其外表的富麗堂皇，倒不如建立一個幸福的家庭，還更獲得一個有價值的人生。

30 了解自己是邁向成功的第一步

希臘哲人蘇格拉底曾說：「你要了解自己。」

猶太人每一個禮拜有一天可以完全休息的安息日。在這一天裡，必須要排除一切工作、雜事、靜靜地反省自己。

而這一天也可以說是，藉著自己與自己的對話，來啟發自己的精神充電日，世界上雖然有許多民族，但卻沒有一個民族像猶太人這樣，每個禮拜一定花一天的時間來修養、學習和祈禱，甚至在聖經和猶太法典中，還將每天的學習視為一項神聖的義務。

通常我們提到休息日時，都會想到那是一個很空閒，能夠放鬆心情讓身體好好休息一下的日子；但是猶太人的休息日，卻是個具有智慧活力和精神空閒的日子。

擁有藉著休息日來更加了解自己的習慣之猶太人，因為能更深入地了解自己，所以也能清楚地知道自己的缺點和能力。

自己能夠坦然地面對自己，這是成功的一項重要條件。因為當自己能面對自己之後，就能知道自己會做什麼，真正想做些什麼，而且也能絲毫不存任何傲氣地來訂定計畫。

一位真正的成功者，由於他所訂出的目標是能夠為內心所接受的，所以他才能成為達成目標而不惜一切努力。當願望與行動一致之後，才能隨著努力一步步地朝成功之路邁進。

然而，有的人他在內心並不太確定自己想做的是什麼，於是就這樣心存懷疑地得過且過。而也有不少人因為擔心後果，而流於惰性。凡是有這種心態的人，是絕對無法成功的。

要想成為一位成功的人，最重要的就是要了解自己的能力，抱定發展目標，以建設性的心態全力以赴，這樣成功必定是屬於你的。

第二章　實現願望的成功法則

31 猶太人是實現願望的天才

在世界五十億人口中，據說有一千三～四百萬猶太人。從總人口來看，約佔四百分之一。大約與日本東京的人口相等。所以絕不是屬於多數民族，而且不像東方人大多數都居住在自己的國家裡，他們多分散在世界各地生活。

他們比別的民族，在更不利的條件下，走過苦難的歷史。但他們克服了各種困難，如今他們的力量竟是足以隨意左右世界。

探討猶太人力量的泉源，可知猶太人他們有身為猶太民族的強烈願望，從幼兒的傳統教育起，就使他們燃燒著信念，使他們是有別的民族所無法相比的強烈的生活願望。

所以猶太人一直抱著終有一天要將喪失五千年的國家，重新建立的民族願望。他們克服了無數的苦難和挑戰，以自己的手建立了以色列。

以東方人來說，以色列是相當遙遠的國家。所以不太會有什麼感覺。但自人類有史以來，未曾有過存在一時的文明或國家滅亡後，能夠再度恢復的例子。

然而，猶太人卻編造了這項奇蹟。猶太人的確是個堅強的民族。

更令人驚奇的是，現代世界上在各方面非常活躍的人，多數是猶太人。諾貝爾得獎人中，壓倒性多數是猶太人。

日本第一位獲得諾貝爾物理獎的湯川博士，被問到得獎的訣竅時，他說「就是執著」。猶太人之所以有今天的成就，正是以執著追求願望不斷努力的結果。

猶太人不只是會賺錢，在這擁有許多民族的地球，他們能夠擁有很高的成功率，是因為他們本身的想法正確，而且面對任何問題，都是很有耐心地以此信念去解決。

32 早揚帆的人會獲勝

「人生是場現實自我的馬拉松賽跑」。在這場人生的馬拉松中，有各式各樣的途徑。人站在能力、個性、體格等，各有不同的出發點，各自開始自己的人生。

世界上有民主主義，平等的呼聲，但決不是這樣就能平等。連出生時的環境條件，都有很大的差別。男女之別、健康狀態之差、家世上的貧富之差，總之處處皆有差異。

猶太商法告訴人在生活中採用數字，善用數字就是賺錢的條件。我們一般人多不習慣以數字替代事情，以數字衡量人的一生。

猶太人認為人生是有限的。他們認為人的一生只有六、七十年，一旦進入中年就想在剩餘不多的人生裡，要盡力工作、儘量享受。但在東方人的社會，持有儘量享受人生的想法的人卻極少。

當然，經濟上及精神上，需要有相當程度的餘裕。

重要的是，在有限的人生中，如何好好工作，如何感受生存的價值而獲得成功。

因此，首先要「認清自己」。要有適合自己能力及自己喜愛的工作，以及自己想達成的願望

等等明確的目標。

可是，意外的是，想發現適合自己能力以及自己興趣的工作的人不多。以明確的目標，訂定人生計劃的人也不多。

總之，像猶太人這樣在逆境中生存，並以五〇〇〇年的經驗所獲得的成功法則，投入各自願望的人，實在是不多見。

33 商業是以弱肉強食為原則

現實的資本主義社會，似乎很無情，這是因為弱肉強食，優勝劣敗的原則之作用。所以若不比對手優越，就無法生存。

日本是資本主義的自由競爭社會，如果不在合法的範圍內勝過對手，就不知那一天會被打倒。就是說，為了避免被打倒，為了繼續生存下去，若不建立戰勝對手的基礎與條件，就無法掌握將來的繁榮。

建立取勝條件最重要的是戰略。於是如何訂定戰略，便成為與對手爭奪優劣的基本工作。訂定優良的戰略，也就容易訂定出優良的戰術。所以，首先要集中精神，訂下好的戰略。要將戰略與戰術，好好去實踐，不是件容易的事。不論是經營目標或者願望目標，不管是企業與個人，如果不依週詳的計劃行動，是不易獲勝的。總之，最重要的是要有能戰勝對手的戰略。假如戰略失敗，不管如何使用戰術，使盡全力也無法挽回。

例如猶太六日戰爭。戴陽將軍所率的以色列軍隊，是總人口僅三〇〇萬人的小國家軍隊。周圍的阿拉伯各國是擁有數億人口的大國。但開戰不到一個星期就結束。可見以色列的戰略、戰術

是何等的卓越。

當然，這也是民族優異的能力、嚴格的訓練、優良的武器等，勝利所需要的條件齊全，所以才能在短期決戰獲勝。

在商業上也一樣。要成為勝利者，需要研究訂定各方面都能勝過競爭對手的對策，而且勇敢地向目標邁進。

34 猶太商法的本質，在於設定目標

被問到「你的人生目標是什麼?企業目標是什麼?」能即時回答的人實在太少。也有人會以為這是胡說。但根據美國成功企業SMI公司，及銷售開發能力系列的公司調查結果，明確設定目標的人，只有百分之幾而已。

猶太人今日興辦宏大事業而成功的因素，是因為他們有支持該事業的具體藍圖。猶太人在長期歷史中，遭遇種種苛酷的廹害，尙能生存至今，不是因為他們的錢與權力，而是他們抱持著對未來的夢，為達成目標用盡智慧，保持明確的願望，不斷努力得來的。為達成任何目標，不可忘記要腳踏實地，不斷地努力。

自己有明確的目標，自然會下工夫去努力。沒有目標，坐著等待是什麼都不會發生。人生不起而行動，是不能打開成功之門。

35 陷入任何狀態，都不可喪失希望

人生有許多無法證明的未知數。如果能確知將來，人生也許會變得無味。因為不知未來，所以要訂下目標去努力。

任何人對將來只能猜測，而這個想法則可分為兩大類。那就是思考積極的人與思考消極的人。

思考積極的人，對任何事情都以建設性想法，想像會有最佳成果。但想法消極的人，一心認定行不通，而預測會發生最壞狀態。也就是說，消極的人是找「不能」的理由，而積極的人是找「能」的機會。

所謂「人會成為自己想像的人」。所以想「不能」的人不會成功。想「能」的人，才會發現可能性，而加以努力，所以才能實現願望。無論在任何狀態，我們決不可喪失「能」的希望。

36 要有明確的願望並強化成功的能力

人類各有其願望。企業人想成功而獲得財富，這是當然的事。

那麼如何才能達成「想成功」的願望呢？為達成「想成功」的願望，必須具下列幾點：

①要有明確的願望。（自己的希望是什麼？要明確。）

②強化成功能力。（強化達成目標的推進力。）

③不斷地追求成功目標。（為達成目標繼續努力。）

企業人的工作，每天都在變。但被每天變化的工作打倒，或喪失目標，一定打不開成功之門。

所謂「強化成功能力」，就是將有心想做，誰都能做成的事，徹底推進的能力。也就是聚精會神、鍥而不捨、貫徹始終。

現在世界上再也找不到其他人種像猶太人這樣，一旦想做就會徹頭徹尾，盡心竭力去完成工作。

他們的成功正取決於這鍥而不捨、貫徹完成目標的信念。

不錯，明確的目標，強化的能力與不斷的努力，是成功的重要因素，但最重要的是不達成目標決不中止的信念。

日本國際牌松下電器的創辦人松下幸之助說「成功就是指，不達成目標決不終止。」

不管遭受何種打擊而失敗，如果不喪失目標，抱著希望前進，一定會有機會來臨。

即使你現在的生意很糟糕、很困難，你也得拼命尋求開啟之道。成功之門，會隨著信念與努力而開啟。

37 實現願望取決於熱情與信念的強度

無論達成任何願望，不可否認其背後也有運氣和僥倖。雖然可能因幸運而達成願望，可是該幸運決不是從天而降的。

任何成功都需要先訂定有價值的明確目標，然後為達成目標腳踏實地，繼續不斷努力，這樣才會有機會而成功。

「天助自助者」。為了迎接機會，自己要天天不斷的努力，否則幸運決不會來臨。

能不能達成願望，要看那一個人對願望熱中的程度，以及有沒有一直持有想達成願望的堅強意志。

總之，凡是成功者都有他們的共同點，那就是，他們都有明確的目標，以及持續的態度與信念。

歷史上成就偉業的人，都是從小走過苦難的崎嶇路程，克服精神上、經濟上、環境上的折磨，提高進取向上的志氣，累積努力，以自己的力量啟開幸運的人。

有世界發明大王之稱的愛迪生，出生於貧窮農家。沒有老師的教導，自己努力用功而成為律師，後來當選為美國總統，發表解放奴隸宣言的林肯，是出生於蘇格蘭鄉下。現在無人不知，受人尊敬與愛戴的鋼鐵王卡內基，曾經向人借錢，做為全家移民到美國的旅費。卡內基剛到美國時，單靠父母的收入無法生活，所以他與父親一起到紡織廠工作，得週薪一、二美元來幫助一家的生活。刻苦自勵，勤奮向上的卡內基，薪水不斷地增加。他全神貫注於工作，並為了新的工作而努力，以待機會之來臨。

上述的偉人，好像都在對我們說：「克服了一個個的困難後，機會會自動上門。」

創造巨富的福特與洛克菲勒，他們的共同點也是以不屈不撓的信念和強烈的熱情，向事業目標努力的結果，才獲如此大的成功。

38 深思熟慮後再訂定實現願望的計畫

訂定富有活力的目標，越能將人生變成有毅力的人生。有目標的人生，會產生有價値的人生，也會產生向目標前進的信念。

所以，有明確的目標，就像使人生有充實感。

有向目標挑戰的意志，自然會產生信念，而也會知道達成目標的方法。

由於長年熱心於教育，猶太人憑其經驗知道，為了實現願望，要用信念去訂目標。他們對於應該做的事，經過詳盡周密的思考，研訂具體計畫，決定在未知的世界，自己要前進的方向，確信能成功而全力以赴。

「確信絕對會成功而去努力，結果必定會成功。」相反地，若心存懷疑，想法消極，該計畫自然會受挫折，而不會有結果。

若想成功，就要確信能達成目標並積極努力。這樣的話，目標一定會達成。

39 以戰略打敗惡性競爭

提起戰略，也許會有人想起戰爭。但在此是指商業戰略，經營戰略。

在企業裡提到戰略，就是指經營的想法、經營目標。在惡性競爭的企業環境中，要取勝、要更繁榮，必須要有堅定、明確的目標。如果目標不明確，就無法訂立明確的方針，無明確目標與方針，不管如何努力，玩弄技巧，也無法期待有豐碩的成果。

如果，常抱著明確的戰略與信念，腳踏實地去努力，終有一天會成為成功的人。

有穩健戰略目標的人，他最大的希望是實現自己的想法，所以不必拘泥於方法（戰術）。

「明確的戰略是戰勝敵人的第一要件」。但是，戰略不明確的人，會拘泥於戰術，怕變通而迷失。

40 深謀遠慮、力行不怠的人會成功

會說「人生是實現願望的藝術」的人，都是各抱著各自的想法與願望而活的人。但是，世上仍有燃燒著希望而能實現願望的人，以及常遭失敗而喪失自信的人。

上述已提過，實現願望的出發點，第一是，以明確的信念去確立目標。

第二是，創造對自己的語言。對自己說，一定會達成目標。

第三是，將願望懸掛在看得到的地方，透過視覺，刺激自己，讓自己經常有強烈的自覺。

簡單地說，這是誰都做得到的方法。以堅定的意志，繼續實踐兩、三年，不知不覺中，會產生未知的潛力，過去一直認為不可能的事，會相繼出現在自己眼前。

但另外也有無法實現自己的願望，無法鑽出牛角尖的人。這種人一定是，有相當大的願望，但自認難以去實現或缺乏成功條件的人。只要有這樣「負」面的思想，無論到何時，他都無法實現自己的願望。

要成長茁壯或者過著失敗落魄的人生，皆賴一己的想法而定。就是說「向好的方向想的人，會好起來。而向壞的方向想的人，則會壞下去」。要能理解這個自然法則，就會大大改變你的人

生。

依自然法則思考的猶太人，從人類最早時代，就接受這種生活智慧的傳統教育，所以可以說，猶太人是最瞭解「深謀遠慮，力行不怠的人，才能過著成功的人生」的民族。

41 不可讓有能力的人材荒廢

誰都想從事適合自己興趣的工作，而貢獻社會。但能找到如意工作，每天感到活得有意義的人，究竟不多。

世界上有很多公司員工，都是為了生活，不得不工作。假設以這種心情工作了幾十年，這個人雖然有才能，他的才能也會浪費掉。

人生只有一次，所以，可能的話，早日整理自己的願望，想想將來的生活方式，以一定會成功的信念去工作。

沒有明確目標的地方，不會有努力存在。而且不努力，什麼事都無法達成。人生有沒有明確的願望目標，乃是否能成功的重要關鍵。

一般說來，有願望、目標的人，只是百分之三而已。其中把願望目標明確化，並且不斷地努力的人更少。

想過有意義的人生，向某件事挑戰的人，首先要確認自己的志願，知道自己想做什麼，如何做，確定戰略的目標，自然而然戰術也會出來。

能使盡自己的能力去工作的人，是最幸福的人。世界上很多經營者，或者要領導很多人的主管，雖然擁有有能力的部屬，但他們拔掉該部屬卓越的才能之芽，或者將有能力的部屬指派到無用武之地的單位，抹殺部屬的才能。

在這種公司服務的員工，即使有才能也會浪費掉。

所以，當主管的人，要設法讓部屬發揮能力，讓每一個員工發揮最大的能力，這種公司一定會成長。而在這種公司服務的員工，必定會提高工作士氣。

42 求材不如重視人材教育

世界上，有兼備各種才能的人，但這種人不多。

社會並不是由這些少數人所組成。在企業裡，最好是有很多優秀的人，但在這世界上卻沒有那麽多的優秀人才。

人的能力，如果是普通健康的人，雖然多少有頭腦好壞之差，但不致差太多。頭腦不錯，但身體不好且不肯努力的人，仍不配稱為人材。

經營企業，要多數人互相協力合作，所以要以教育、訓練、組織，使每一個人發揮最大的能力。

一般人，只不過使用內在能力的百分之幾而已。所以，加予教育及訓練，可啟發他無限的潛力。

有些老闆抱怨，最近員工的工質低落，招募不到像樣的人才。這種老闆，好像怪自己對教育怠慢、不熱心，這等於是自己要勒死自己。

企業很現實，所以老闆的態度與想法，都會反映出來。理想主義雖然不能生存，但常採現場

理想主義的企業，一定會非常繁榮。

希望企業有大發展的人，要看他如何教育，各人的能力，使他們成為人材。確立適合社會嗜好的高次元戰略，儲備配合經營規模的情報力、管理能力、技術力、經營資金力、營業力等，才能成功地達成目標。

43 沒有勇氣果斷的人，打不開成功之門

能否成功，全看有沒有自己的目標，和有沒有達成目標的堅定決心。就是說，有自己明確的目標、決心、百折不撓全力以赴，自然會有充沛活力，而這樣幾乎已經達成目標之一半。

古人說：「事先準備就是完成工作的八成。」這句話的意思就是指無論何事，事前的計畫很重要。

如果，目標曖昧、計畫不妥，即使疲於拼命，也不會有任何成果。任何成功都不是邀天之倖。成功是給予「想出最妥善的達成目標的方法，並身體力行的人」的回報。渴望成功的人，希望達成何種目標，就要目標明確，並下決斷。

在無法預演有限的人生中，如果不下決斷，不開始行動，人生會變成討厭、難受的人生。要締造有意義、有價值的人生，就要勇敢果斷、堅持信念奮勇直前。

44 成功者是指自己能控制自己的人

「成功者，是由自己來策畫事情的發生，失敗者，對所發生的事唯唯諾諾，隨著發生的事浮沈。」

猶太的經典說：「最強的人是能控制其心的人。」在人生中，能控制自己行動的人，是很了不起的人。其本質是叫人要「自己下決斷。」

人心經常因為意識到某事情而立定志向，所以明定目標、堅持信念去做，常會開創出別一番天地。可是，多數人卻認為人生的遭遇，都由前世所注定，不管自己如何努力，都無法改變故而死心。

這種萬念俱灰、隨波逐流的人，不會成為人生的勝利者。

相信「盡力事就成」的人，是有自信開拓自己前途的人。他知道，不控制自己的心，不好好行動，就不會得到好的結果。成功的人，是自己下了決斷，而完成工作的人。

45 富有活力的目標是成功的原動力

現代是有很多壓力的時代。壓力有很多種，肉體上的壓力、精神上的壓力、食物的壓力、環境壓力、化學壓力等等。今天壓力已成為混合性的。

但壓力也是這個人的心理結構之一。有人將壓力變成使人生過得更積極的原動力；也有人屈服於壓力，動彈不得而失魂落魄。

一樣是壓力，為何有如此天淵之別。這也就是有具體目標的人，與沒有目標的人之差異。有目標的人，盡心竭力向目標努力，每天都有前進的希望與喜悅。

人生會隨著自己所持的目標而變。沒有目標的地方，就沒有解決之道。所以確立富有活力的目標，在人生的過程中，是件非常重要的事。

可是，曾經遭遇過失敗的人，也許會說，什麼目標？……至今……。不想再失望了。但你不妨再一次訂定目標看看，只要不是目標錯誤就能開創出前程。

沒有目標也就是無法達成目標，而一直感到空虛。持有目標，就能找出人生的價值，使自己朝向更有價值的方向前進。

目標，會成為把今天推進到明天的力量。每天雖然只有微小的前進，但累積起來的，就成為跨步千里。

無論如何優秀的人，如果沒有目標，就不可能成功。

猶太人，成為近年來世界上成功率高的民族，可以說是因為他們都各有明確的目標。

「目標是生存的原動力」。目標高就會湧起信念，信念堅強，自然會產生達成願望的慾望。

一旦確立目標，絕不可半途而廢。一定要堅信會成功，全力以赴、貫徹始終。那麼，目標一定會達成。

46 活用人、物、錢、時間、情報的人才會成功

設定有價值的目標，然後依其付出有多少有價值的行動，就可決定出會成功或者不會成功。就是說對發揮多少的能力，有沒有活用需要的物；能生產多少優秀商品；能否有效活用資產？並且時間與情報是不是全用上了？如此做可減少浪費與損失。

會成功的第一基本條件是，要活用人、物、錢、時間與情報。

世界上很多人希望成功而無法成功的原因，是因為沒有明確目標及具體計畫而行動。為達成目標活用人、物、錢、時間、情報、互相配合，平衡運用的人似乎不多。

「沒有計畫的行動是愚蠢，沒有目標的努力會徒勞無功。」沒有計畫的人，不能成大事。沒有目標，努力也沒有用。

身為少數猶太民族的人，常有許多豐功偉業。這可證明他們完成了他們各自的願望。偉大的結果，必先有偉大的動機及貫徹該動機的偉大意志。

「有意志的地方，就有人生。」偉大的意志，會成為改變自己的能量，而發揮偉大的創造力。

猶太人的卓越努力，在現代文明裡大放異彩。猶太人能發揮這種力量的原因，不是他們出生就有這種能力。他們經常努力自我啟發，以期提高自己的能力。

一有機會他們就很努力，使其發揮最大限度，因為他們創造了光輝燦爛的前途。

47 沒有行動的目標是無法達成

世界上不少人受過好教育。但不管受過多好的教育，而且有才能、有地位，如果沒有人生的目標，就無法期待精神上、道德上、社會上，更高的內容。

想要成功，首先最重要的是要有明確目標。也許有人認為沒有目標無所謂，遇到事情盡力去做就好。

但沒有目標，盲目摸索，就沒有達成目標時的喜悅，也會成為徒勞無功。

第二重要的是，設定目標後要好好研訂達成目標的計畫。有計畫的人，能遵循計畫去努力，所以可進入達成目標的捷徑。

目標與計畫，要分為長期（終身目標），中期與短期。需要花較長的時間去完成的目標，要雄心萬丈盡可能設定宏大的目標。將長期目標，再細分短期目標，而先從最重要的開始，逐一去完成。

定計畫是重要的步驟，但不加以執行，是不能達成目標。

為了完成可觀的業績，要設定有價值的雄偉的目標，以及達成目標的精緻的計畫，然後配予

強勁的行動，才能建立偉大的業績。

用語言表達走向成功之道，是簡單的事。要成為成功者，就要一步一步克服許多困難，堅持信念不辭辛勞，全力以赴，才能完成目標。

成功是，為達成目標流汗努力的人最好的回報。

48 猶太人的談笑風生，是打開他們的人生鑰

許多人都抱著願望而生活。

有人想創業，也有人因為失業而找工作。有人為追求新的生活環境而自我啟發。每個人都各自抱著自己的願望而生活。

但經歷過達成願望時的無比喜悅的人，卻不多。

為什麼呢?因為很多人，對自己的願望，缺乏以信念和積極的態度去實現。

雖有願望，但懷疑究竟會不會實現，擔心如果失敗是不是會被人嘲笑，所以就消極只找不會成功的理由。

任何願望如果不明確，沒有信念，不積極去做就不會達成。

猶太人有長期忍耐苦難的歷史。他們遭受迫害的歷史不止一次，財產被沒收、房屋被燒，被趕出自己住慣的土地。

忍辱圖強的猶太人，當然與其他民族不一樣，他們都有堅強信念，以及獨特的堅強性格的民族。

猶太人另一個特徵是，他們是愛好幽默與逗趣的民族。他們愛好幽默的原因，可能是遭受長期廹害，為了生存暫短的時間也好，想造出歡笑的場合，藉著從艱苦的生活中解放自己，即使是短暫的一瞬間也好，想藉此挽回真的人生。

幽默極富有智慧，高雅的逗趣會成為腦筋的柔軟體操。猶太人在家庭，或者人滙集的場合，隨時彼此逗趣談笑風生。

他們的逗趣，是忍耐艱辛生活的人，互相要解放內心的創傷，以及親善交流的潤滑油。

沒有不喜歡笑的民族。但猶太人特別喜歡笑，他們能在歡笑中找出人生生活價值的鑰匙。猶太人有很多夢想，而且愛好幽默，所以才能開創新的世界。

49 猶太人是創造機會的天才

「有意志的地方，就能開創人生的前途。」沒有意志的地方，不會有努力存在。有強烈意志的地方，會產生創造事物的能源。

人生的成功或者不成功，受他自己的意志左右。人的世界，只給他自己想要的。心理學家威廉•詹姆斯說：「人會成為自己期待的人。人如果改變自己的心態，就可改變自己的人生。」

正如這句話所說，有意志的地方就有道路。不想做，必定一事無成，會成功的人，是常常想成功的人。他不管遇到何種障礙，都以堅定的意志貫徹到底，克服困難而獲勝。

成功的人，是以堅定的願望，去實現其可能性的人。

牛頓、愛迪生、愛因斯坦、羅拔特富頓等人，曾經被他們的同事視為差勁的笨人，也被許多人嘲笑。但他們比笑他們的人，更能鞏固自己的決心，燃燒自己進修的意欲，去用功專心工作，所以成為他們同事無法想像的歷史上偉人。

願望，不過是自己的意志與繼續不斷的努力，就可實現預言。

「人要成為思考的人」，人如果認真去思考，他達成希望的程度，會與他的意志力成正比例，這是一項真理。

成功的人，都由經驗中了解此事。他們是自己創造成功的機會，為實現願望不停向前邁進的人。

第三章　商業挑戰的成功法則

50 設定有價值的挑戰目標

有「銀座的猶太商人」之稱的藤田先生，是日本麥當勞的創始人，他在轉瞬之間，奠定日本外食產業第一座金字塔。

藤田先生是一個久經世故的人。因為父親英年早逝，所以他在學生時代裡，為了賺取學費和生活費必須拼命地工作，而且還要奉養母親。

就因為他是久經世故的勞苦者，所以能夠體會走在苦難歷史洪流裏的猶太人的心情。而他被稱為是日本的猶太人，所以在商業上或人生觀方面值得我們學習的地方很多。

「年輕時代的歷練就是財富」，這句話我們時常聽到，而這句話用在藤田先生身上是再恰當不過了。一樣是同班的同學，但其他的同學是用父母親給的生活費，去兜風遊玩、旅行，一邊遊玩一邊求學多麼悠遊自在，而他卻必須咬緊牙關徹夜不眠地打工來維持生活。

那時候，他時常說：「這世界是多麼不平等。」不過他也時常這麼想「人生雖然不平等，但我一定要成為人生馬拉松競賽場的勝利者。」就這樣，他漸漸趕上遊玩的伙伴，更超越他們不停地向前跑，成為現在有大成就而且家喻戶曉的藤田先生。

如果他當時一再把自由自在快樂遊玩的伙伴和自己的境遇相比，而自暴自棄，失去了挑戰的目標，那就沒有現在日本猶太人的產生。

在此，有個很重要的教訓，就是天生的不平等是沒有辦法改變的。

不屈服在不平等之下，設定長遠人生有價值的挑戰目標，朝著那個目標磨練自我能力，向超越競爭對手的必要條件繼續不斷地挑戰。這樣的話必能打開朝向未來成功道路之門。

51 金錢、頭腦、時間的使用方法

「金錢是戰力」、「有錢能使鬼推磨」。大家都認為只要有錢，在這世界上幾乎沒有解決不了的事情。

回顧悠久的歷史，走在淒慘勞苦道路上的猶太人，我們可以說他們是特別對金錢有著強烈的摯愛，而東方人認為金錢沒有不潔淨的。所以，商場是為賺錢而存在的，公司是為提高利潤而設立的，為增加自己的利益就要使用頭腦。

說到使用頭腦，猶太人的使用方法是舉世無雙，出類拔萃的。簡直到了拼命的地步。

在東方人當中，像這樣竭盡全力，努力過活的人也不少。但竭盡全力而仍在他人之下的這種情況，是值得我們探討。

不過，猶太人卻不把努力與不努力的分野做為自己思考的基準。而是把在經濟界的頂尖人物，或藝能界的頂尖人物或在學術方面是世界級的活躍人物作為首要目標。

無論如何偉大的事業，歷史上的文化遺產，一樣也是由人類完成而遺留至今的。所以，同樣是人類所完成的，只要自己努力的話，必定也能夠有所作為。的確，在經濟、環境、身體上有種種不同的差距，但若說就是因為這些差距，所以沒有達成目標的可能性那就大錯特錯了。

猶太人和東方人最大的不同是猶太人認為別人做得到的事情自己也能做到，而東方人則認為自己是完全辦不到的。

不認為「能夠做到」，那任何事也就沒有成功的心理企圖了。

人類的生命是有限的。而且，五十億的人類是平等的，一天同樣只有二十四小時。因此，在這個基本的平等點上，每天的二十四小時該如何有活用的工作，如何的學習，如何的努力呢？這個時間的使用方法，是決定人生的成功與否的關鍵。想捉住成功的喜悅，就要永遠向前努力過活。

52 要知道攻擊是最大的防禦

以色列在二百數十回的大戰之中，以守勢而戰勝的就有八回。在商場上也是一樣的。今日是競爭十分激烈的時代，若沒有明確的挑戰目標，以及前進、前進，再前進的積極攻勢就沒有成長的希望。

它的意思是說，事業要安定「攻擊是最大的防禦」。

只有平常訂下挑戰目標並且持續不斷地努力，否則一旦疏忽大意再後悔就來不及了。在生存競爭愈來愈激烈的時代，若因稍稍順利就疏忽大意，而結果仍勝利是不可能的。

所謂「繫緊勝利的盔甲帶子」是說如果戰勝的話，要戒驕戒躁，勝利後要更加警惕，對於將來的目標做萬全的準備及防禦措施。

猶太人是經過數千年的苦難後，才培養出休息是智慧的積蓄。無論在什麼時候，眼光都要放遠，小小的成功是不值得驕傲的，必須朝著更高的理想目標，不斷地努力前進才是。今日猶太人的商業法則，被認為是世界第一的主要原因即在此。

說是因為猶太商人的成功率高，所以一定有成功的事業，這種理論是不存在的。猶太人最成

功的地方是，認為一定會成功，而訂立嚴密的計畫，但有時一直到成功為止，那套計畫尚沒有實行的也有。無論如何，矢志完成的信念是所有人非常值得仿效之處。

在商場上，當然有時也會失敗。不過，在失敗時，能立刻重新訂立計畫，再度接受新的挑戰的人，最後一定能成功。

53 戰勝失敗的猶太商人

人類的價值是決定於各人的目標和所認為的偉大。

儘管是猶太人，由過去的歷史來看，也不應有做為商人的機智。在迫害之中，身為猶太人的生存之道，除了售物之外已毫無方法了。

猶太人曾多次被佔領土地，燒毀家園，陷入悲慘失敗者的道路中，但他們咬緊牙關，渡過艱苦生活而生存下來。猶太人即使處在多麼艱難悲慘的境遇下，依然不會捨棄有朝一日會成為勝利者的美夢。

多次訂立新計畫，向富裕生活的夢想挑戰。如果一個目標達成了，就再向更大、更遠的目標挑戰，繼續努力的工作。

猶太人有今日的偉業，確實如奇蹟一般，但促成這個奇蹟產生的最大原因是，不論多艱辛的逆境，又不管多少次的失敗，再度成立新目標的意願從未改變，以不屈不撓，剛毅的挑戰精神繼續挑戰。

54 行動是最好的雄辯

即使學了許多正確的方法，但不以正確實際的行動去配合，不論做任何事都不會有所成就。猶太人是信仰非常篤誠的民族。那種信仰並非是像夢幻般欠缺現實性，而是必須把現實理想化，腳踏實地去做。

因此，有「有行動的信仰至死也滿足」「坐而言不如起而行」的想法。例如，即使多貼切的話，多完美的想法，若沒有實現的行動，那就如畫餅充飢，依然沒有用處。

既成的事，一定要能適應這個時代大環境的變化。在今日急劇變化的時代，沒有特別的適應能力，就沒有成功的可能。

猶太人即使處在艱困之中，也不考慮採取鴕鳥姿態，因為積極的面對困難才能夠有所行動，也才能開創今日光榮成功的大道。

55 將逆境變為機會挑戰

前些日子聽到J先生說到猶太人的歷史，商業及生存之況，J先生的祖先落居此處，以務農為生，已有好長一段日子，在當時J先生祖先的故事曾造成全村的轟動。

本世紀初期，生活在同一部落，大約有二百名左右的人移民到美國。

但到達美國的旅程有數萬公里之遠，在途中因受到廹害和生病，而倒下的人，就無法貫徹其心願，也有的人最後落腳他鄉，結果能到達美國的人只有十五人。

走在國破人亡而逃竄他方民族之路上，其中的可怕殘酷是可知的。

現在在美國定居的猶太人大約有五百萬人左右，佔美國總人口約五十分之一。

進入本世紀以來，猶太人的活力實在非常驚人，美國大國的首腦集團，說是握在猶太人手中並不為過，而且經濟界的大半，重要的商業及他國藉企業等，幾乎皆是猶太人所經營的。

對於能夠超越嚴酷逆境的猶太人來說，美國新大陸是他們自由自在伸展雙翼，盡情隨心所欲活躍的新天地。

突破危機的辛酸經驗是走向成功商業的最大定律，便因此孕育而生。

我們常說：「吃得苦中苦，方為人上人。」勞苦的經驗是孕育成長可能性的溫床。

因失敗而陷入一籌莫展的危機，但決不認為自己的人生至此已完了，反而能開擴視野好好的思考，將來必定有朝向成功的道路。能夠認為危機是新人生旅程的開始，更要以新的決心毅力來挑戰。

56 商場就是挑戰

人的能力、個性、先天環境等等，很遺憾地從人生起程開始便不平等。

飛馳私人轎車、駕駛快艇，過著自由自在悠閒玩樂的學生生活的人，和沒有優裕經濟，必須工作至深夜以賺取學費和生活費的苦學者，同樣站在二十歲的起跑點線上，但際遇各有不同。

不過，描繪出明確的人生目標，點燃人生馬拉松之火，面對挑戰的人和每天過著富裕生活的人，在漫長人生的馬拉松場上繼續向前進之情況，一樣都無法挽回再來一次。

今天有大成就的人們，從各個角度來研究，不提猶太人，即使東方人或其他國家的人，從很早便發現各個民族，其人民本身皆背負著，為了減少競爭者的優劣懸殊所加於優者的不利條件。所以本身是否有成為商人的可能性，是否能徹底向工作挑戰，是能成功的重大關鍵。

總之，為了在過分競爭的社會生存、出人頭地，首先必須使自己的能力適合環境，而後才能擴展此能力，擁有自我的成功法則。

猶太人渡過數千年的逆境，開創一片新天地的生活智慧和成為商場的成功典型，值得學習之處很多。

雖然失去可回歸的故里，而成為流浪的民族，但仍抱著必死之決心，咬緊牙關生存下來，而且以復興民族為目標，以個人人生和商場為目標，腳踏實地，專心一意地努力，才形成今日與其他民族無可匹敵的大差異。所以「不能投注全力於目標中也就不能成功」。

57 抱持信念貫徹初衷

知名的英國名宰相班哲明曾說：「走向成功的秘訣是抱持向目的地的情操。」

生在倫敦的猶太人班哲明，在青年時代，對文學擁有濃厚的興趣，而且有成為政治家的遠大抱負，即使選舉一再失敗，也沒有改變他的初衷，最後當選了下院的議員。後來更深受維多利亞女王的信賴，成為非常活躍的政治家。

美國第十六任大總統林肯也是同樣的情況，以自我進修法律而成為律師，後來矢志要進入政治界，但幾度皆落選，不過最後仍貫徹其志成為偉大的政治家。

班哲明所說的抱持著向目的地的情操，是設定目標，抱持其志，擁有貫徹到底的信念直到實現此願為此。無論什麼事，為了完美的達成願望，必定有不少的障礙。像賠償損失、糾紛、資金不足等，有時候甚至還會遇上想像不到的偶發事件。但是，事仍必須繼續，讓事業永遠繼續存在是基本的想法。

當經營發生困難，而一籌莫展時，應該從「原點」思考。回歸「初衷」，以再一次點燃初衷貫徹之志，向新目標挑戰。

即使是在如何絕望的狀態中，也要努力向前邁進，否則就沒有進步、沒有成長。

在困境中，沒有貫徹初衷的信念，也沒有從逆境的谷底向上爬的機會。

無論何時，回歸於初衷抱持信念努力奮鬥的人，一定就是成功的人。

58 通行世界的猶太商法

迎向國際化的今日，沒有通行世界的商法，將來前途渺茫。對於這一點，分佈世界的猶太人，在各個立場和住在異國的同胞攜手合作，互相交換情報，在強烈的信賴關係中展開他們的商場事業。

今日，建築世界的基盤，能在各民族中鶴立雞群的，首推猶太商法。

猶太商法的穩固基石：

一、必定要謹守契約
二、商業是超越意識的形態
三、以女人為著眼點
四、熟悉外國語言
五、知己知彼百戰百勝

這些猶太商法的穩固基石，是猶太人能在繁榮世界中成功的要訣，而渴望成功是學習成功者最近的一條大道。

59 實現願望要立志成為哥倫布第二

被教以「地球是圓的，向西一直航行，必能達到印度」的哥倫布，相信托斯卡內基的話，決心走向航海之路。

經歷艱苦的航海之後，不但成功的發現西印度群島和美洲新大陸，也証明了地球是圓的。如果，沒有哥倫布當初的果斷決心和毅力行動的話，今日美國的繁榮情景便會有所不同。除了猶太人之外，包括基督教徒在內，陸陸續續有許多人的移民至新大陸。

效仿別人所做過的事簡單而又容易。事後想想哥倫布發現新大陸的這件事，也只不過是發現原本已存在的大陸罷了。

不過，下決心努力去做誰也不會做過的事情而能成功的，也的確不是件容易的事。

心中所想的事物，要抱持非達目標決不終止的心理，就一定會有解答。偉大的發現與發明總是存在於可見之處。

60 向前思考及建設性的努力便能成功

即使是在相同的家庭環境中長大的兄弟，之後有的過著貧困的生活，也有的經濟富裕。常有人說世界是不公平的。擁有者是愈來愈富裕，不是擁有者就算擁有也一定會失去，這種想法的確有些愚昧。

經營不順利陷入苦境中，而有倒閉的可能性時，很容易顯出人性的弱點，推托之詞說是被友人所騙，要不就是在交易時被發現使用不當的票據等等，尋找這些說詞以做為失敗原因的藉口，誠然是一個真正的痴愚者。但是不論找出多少失敗的理由，盡朝一些不具建設性的方向鑽，是不可能有所作為的。

沒有任何一個民族遭受過像猶太人那樣的辛酸歷史，但即使跌入萬劫不復的逆境深淵中，猶太人也不會失去他們所抱的希望。他們樂觀的認為「沒有春天不臨的冬季，不管如何漫長的深夜，明天一定會是光芒耀眼的一天」，於是繼續努力向前進。

未雨綢繆，反省失敗，有建設性的一步步向前進，才能打開明日的康莊大道。

已經成功的人認為成功的方法主要在於認定了一定會成功，所以收獲時，也必定是豐碩的果

實。同樣的道理，失敗的人也必須有其失敗之因。因為採取失敗的行動，所以其結果一定是失敗。

「有好的想法，加之以正確的行動，結果必是豐收」這是不滅的真理。

其中也有許多人認為那是當然的事。不過把成功者換成是另一個人的話，就不一定會成功。誰都想得到的，只要比別人多付出一倍的努力，最後一定能夠達成出乎意料的偉大事業。今日能把能力所及之事，盡可能的做到盡善盡美的人，就一定能成為成功者。

61 挑戰是獲利的先機

人類在處於順境時，常會一味地追求事物的本質，但卻不會注意到該自我反省、自我探求。不過，一旦陷入逆境中，用目前的方法無論如何也無法推測將來，在此時，平時處於順境時不自我教育的職員也會有想盡辦法要解決問題的念頭，如此也能夠達到改進自我，自我教育的效果。

遭遇新困難、新挑戰時，最重要的是評估目前所從事工作的前瞻性及發展性如何，其他的可行性又如何，細想這些，設法徹底改革其本質，衡量一切再從新訂立經營的戰略。

我們常說「挑戰就是機會」中言之，就是說改善其本質。策畫轉換經營更大的事業，或增加實力提升業績的時候，就是下了成功的戰書。

概括來說，數千年猶太民族的歷史，的確是一連串艱辛的挑戰。向惡劣環境挑戰的猶太人，如何能渡過重重難關，如何能突破重重關卡，創立民族新的旅程碑，而擁有目前富裕的生活，其主要原因在於猶太人抱必死的決心，堅韌的毅力，一點一滴的累積猶太人的智慧，創立猶太人的人生哲學，而以此教育他們的下一代。如此不間斷的努力至今，於是才有二十世紀中期的收復國家，更成為世界最富有的民族。

把猶太民族所走過的路程、想法、抱持的目標，一一的品味思考後，我們不難發現挑戰可改變機會，更可創造出建築巨富的機運。

在商場上，若能有堅忍不拔、力求切實的想法，且更能有適應瞬息萬變時代巨輪的能力，擁有如此踏實且懂得變化的經營手腕，一定能夠賺大錢。

在商場上成功的人們，其特色皆有縝密的成功思慮，以及充滿自信的成功信念，更有不屈不撓、百戰不懈的奮鬥精神，所以才有最後的成功。

正是因為有比別人更新、更靈活的想法，以及搶先一步地實行，超於他人的深思熟慮，或比別人有多一些的創意工夫，才能創造出比別人更優良的商品。

又「獲得利益是要本錢的」，較其他競爭者搶先一步購進商品，且價格更便宜，以及比別人更花心血的努力工作。向上述這些條件下挑戰書，說起來似乎很容易，但要付諸於行動卻不如想像中的容易。能夠切實去實行的人，一定就是成功者。

62 猶太法則—將不可能變成可能

沒有「不達目的絕不終止」的決心及自信，什麼事也無法達成。以前說那件事決不可能，到現在這個時代，誰也不敢肯定的說那件事決不可能的。人類文明發展的歷史可以說，就是不停地向不可能挑戰，把認為不可能之事變為可能的發現創造史。

提起開拓歷史文明發展的先進者，我們第一個想到的仍然是拔得頭籌的猶太人。「時代的開拓先驅者往往就是時代的叛逆反抗者」。猶太人所到之處，總是充滿困難與廹害，並且佈滿荊棘。

不過無論如何，猶太人絕不會迷失猶太民族的目標和個人生存的信仰。即使處在水深火熱的廹害中，也抱持其信念，咬緊牙關的苦撐下去。而且一有機會，就追求高收入的工作，但不以此為滿足，因高收入的工作是不如高階層的工作來得吸引人，所以才繼續不斷的向高階層的工作機會挑戰。

不管陷入怎樣的逆境中，依然要有面對現實的想法及未雨綢繆的認識，秉持信念的付諸行動，把被認為不可能的事，一一的變為可能，逐漸的一點一滴累積起來，屬於猶太人的實力。

不過有人對猶太人的偉大成就抱著不同的看法，他們對於賺錢，心裡極不願意，而且對成功持有恐懼的心態。像這樣的人，多半是從「金錢總是糾纏著慾望，且是非常醜惡的東西」的角度來看。

恐懼成功的人，會猶豫當我成功了，其他人會不會羨慕我呢？或者會不會冷眼嘲笑我呢？或者會不會因此親朋好友就疏遠了呢？所以對於自己的無所做為同樣也有悲觀的想法。

恐懼是杞人憂天，完全沒有必要的。學習猶太人秉持著把不可能變成可能的信念才重要。成功是一件非常好的事，達成指定的目標更是件值得高興、充滿喜樂的事。巴特朗德•拉瑟爾曾說：「為生活而努力，為真理成功而戰。」

63 猶太商法—把逆境變成繁榮的巴黎

現代的世界是付予個人有選擇自己的工作，自己生活權利，思想非常自由的時代。不過，猶太民族即使有長時間的自由思考，仍不被允許有信仰、生活、工作的自由，依然要走在艱辛的旅程中。

我們很清楚能體會到，猶太人比任何民族都強烈的想要從十分艱苦的生活中脫胎換骨，想要有更自由自在的工作，以及富裕的生活環境。猶太人從目前的廹害歷史苦境之中，堅強的站了起來。更展現出前所未有的繁榮景緻，把此景活生生的展現在世界人類的面前，把逆境變成繁華多姿多彩的巴黎，今日的情景，其成就是肯定的，更能肯定的是他們真正勝利了。

只要是猶太人，無論是誰都非常熱心於民族教育的工作，即使受到嚴重的廹害，而處在悲慘的深淵中，依然不忘增加自我的智慧與知識，懷抱滿腔的希望和夢想，一旦機會到來，便做全力的出擊。

在猶太人廣受注目活躍背影中，強烈地顯示出只許成功不許失敗的訊息。如，秉持著無論是如何艱辛的逆境，也必定會有將來，一種為達成願望而努力的信念，同時，他們無論何時何地，

充滿希望積極努力生存下去的信仰也不曾改變。

無論何事，只要時機上的成功機率很大時，運用聰敏的頭腦，清楚而明確的思考，想出新奇的好點子，然後慎重的訂立計畫。經過以上的層層的關卡和準備，才訂立出來的計畫，因為傾注了心血並且有著堅定不移的信念，所以行動時也充滿信念與熱情活力。

有些人外表看起來似乎也有目標和計畫，但卻以守株待兔的心情去期待成果的來臨，這種人和猶太商人，絞盡腦汁認真的訂立計畫，秉持信念的實際行動，每天燃燒著炯炯的熱情而努力，其最後的成果當然是有著天壤之別。

成功的人開始是抱著一定會成功的心態，下決心一定要讓它成功，並且實際採取行動努力工作的人。

64 有遠大夢想的猶太商人

「懷抱遠大的理想，決心將來一定要做個大人物。」一個不能清楚地訂立大目標的人，就是沒有信念的人。

沒有目標的人，因為對於未來沒有什麼打算，所以最後充其量只是虛度一生。

想想看，在這世界上沒有天生的偉人，大家皆是天生下來和一般人不相上下的平凡人。當然也有不少年輕有為，少年有成的人。

即使以猶太人的國藉而聞名於世界的愛迪生、愛因斯坦，幼年時也被認為是無可救藥的劣等生。又，上帝為使比賽避免實力懸殊，強者須處於較劣的條件。所以海倫凱勒背負著耳聰、目盲、啞口的三重不幸，以成為日後給與不幸的人希望的偉大人物。

他們的共通性是只要有一點點可能性，一定一心一意的努力。而且，抱定一個目標之後，為了達成此一目標，堅持信念盡力把事情作到最完善。

我們都知道愛迪生發明電燈泡，但愛迪生為了他的研究，經六千次以上的失敗也不頹喪屈服，相信不斷地努力，最後一定會成功。

能擁有目標是件不易之事，但是如果毫無目標的話，什麼事也辦不成，所以只要設定目標，誰都能靠努力達成他的目標。

今天，猶太人的商業在世界各處的成就，和各個國藉的超大型企業，都是由猶太人經營，受猶太人所支配。由此可以證明猶太人的優秀，也可說是他們追求偉大夢想，一心一意努力所得的結果。

不要說這樣的目標太高，這樣的願望太大了。今日也許你認為不可能，但在世界各地確信能夠達成的人卻有很多。

一樣都是人，別人能夠達成的事，你也「能夠」的可能性非常大。

以整個世界來說，猶太商人屬於少數的民族，但是猶太人具有最大的經濟能力，握有極大的影響力，並且成就非凡，他們就算在廹害和逆境中，仍有他們遠大的夢想，由於燃燒著「一定要做做看」的信念，努力不懈，終於有了今日的成果，擁有任何民族也不及的實力。

第四章　控制世界的成功法則

65 猶太商法的起源在於「契約」

猶太人所信奉的猶太教，被稱為「契約宗教」。從他們有歷史開始，他們對於「契約」的觀念意識非常強烈。事實上，這原本是神與人類之間的一種契約，後來連買賣、社會生活等之事務都以契約來思考。

因此，猶太人只要一旦訂了契約之後，不管發生任何事都會誓死遵守。不管怎樣，要嚴格履行契約上的規定。因此，與猶太人訂契約首先必須了解絕不能含糊馬虎。

猶太人不違約的習慣是因為他們相信，「人類的存在，是因為神有一種契約存在而能生存。」正和不能違背與神所協定的契約一樣，得力於神的幫助而能生存的人類之間的約定也不能破壞。

所以說，在猶太商人之中，沒有人會不履行約定。然而，有些人很不信任猶太人，是因為仍有不遵守契約的人存在。

若是世界第一個商法是猶太商法的話，第二商法就是華僑商法。中國人在進行買賣中所必須遵守的是信用。

稅金問題是不容忽視而必定會存在的，對於做大生意的猶太人而言，會是怎麼想稅金的問題呢？猶太人絕不會對稅金之事敷衍。歷經長期的歷史，流浪許多國家，被廹害的猶太人認為因為付稅金，所以才能居住在那個國家裡，有那個國家的國藉。換言之，稅金是與該國家的一種契約。

對不論發生什麼事都會遵守契約的猶太人而言，漏稅是違反契約之意。

過去，猶太人曾經遭過沒有任何罪狀，沒有違法行為，但卻被治罪，沒收財產，有時連生命的保障都沒有的經驗。因此，凡是經營專家，從來不會想漏稅。

不過，猶太人在做生意時，即使扣除稅金，他還是有充分的利益。

猶太商法成功的秘密是能將在走投無路的困境中想的構想加以應用，而提高業績成大器。

66 做生意不可逃避勞苦

不少人聽到猶太人，就想到他們是會賺錢的人種。

沒有錯，到現在為止，還想不出比猶太人更富有的世界大財主。猶太人會成為巨富，有幾項因素。其一是，以某種眼光來形容，他們都是勞碌命的人。

誰都不喜歡勞苦。但猶太人不管自己喜歡或者不喜歡，自己沒有選擇的餘地，他們到二十世紀的最近，走過無數苦難坎坷的路。

勞苦工作就是，為自己的將來扎根，為成長奠基。

所以，勞苦工作而生存的人，與完全不知道勞苦的人，一旦有事要完成時，他們之間會有完全不同的結果。

也許不一定，只要企業成功的人，才是成功的人生。但經濟有餘裕，才能滋潤人生、充實人生、使人生快活。猶太教的經典也這樣說。

其次，猶太人在跨國藉的大企業中成功的大因素，就是他們有很堅強的團結心。這項力量的泉源是，他們都是同種民族，他們有相同宗教——猶太教。而且離鄉背井，在異國謀生的他們，也都確信自己的正義。

無論要做任何事，一個人單獨的力量是有限的，所以需要別人幫忙。而且，對一起工作的人也要求他們的團隊理想及經營理念，要求誰都要有相同的信心，以及使命感的意識以投入工作。

如果不這樣，就沒有組織的成長及企業的成功。

就是所謂「有志竟成」。強烈的意志，會成為旺盛的目標。目標越高越大，其過程諒必也越是充滿障礙。但不超越障礙，就無法開拓成功之路。

由這一點來看，沒有其他民族比猶太人嘗過更多的苦難。猶太人就是這樣才能從事世界性的事業。

67 在國際化的企業中，人情是行不通的

在國外的企業界，上級人員都是非常優秀。上級人員深思熟慮，研定計畫並領導下屬。但東方人很多公司是下屬思考提案，而上級人員只對所提計畫加以判斷。

東方的民族制度是不會下降的制度，所以愈上級的人愈不用功。

繼續了三十年的高度經濟成長，迄今已經沒有希望了。去年還行得通的常識，在今天已經不適用。依賴周圍、依賴別人的時代已經結束。在國際化的潮流中，要以自己的力量，培養能生存的體質的時代已經來臨了。

台灣，現在正迎接重要的時代。歷史上未曾有的，空前的高度成長期，確也是驚人的時期。但那樣的成長，今後已經無法再期待了。繼續了長時期的豐富的生活習慣，使人至今尚像陶醉於溫室之中。忘了國際環境中，吹著寒冷嚴風……。

在溫室裡栽培的植物，如遭外界寒冷嚴風，經不起風吹會馬上枯萎。

東方「大龍」——日本，戰後在有利條件下成長的經濟，已不適合與其他民族嚴格的企業競爭。可是，在逆境中生存過來的猶太商人，不管景氣的好壞，無論在何種時代，都有更加顯露頭

角的基礎。

猶太人不像東方人容易受情義或人情左右。尤其在企業經營上完全沒有依賴他人的意識。他們面對現實，不斷地研擬計畫，到認為理想為止，然後去實踐。

貫徹現實主義的猶太人，與陶醉於依賴他人的日本人之間，當然會有相當大的差距。

68 使用時間的方法造成貧富之差

對所有人類最公平且一視同仁的是，每個人每天都有二十四小時，一天當中，一般工作時間大約為八小時。如果有效使用這八小時，使其具有生產性，一定會使這個人變成與別人完全不一樣的人。

有人成為巨富；相反有人被高利貸所逼，而喪失生存下去的希望。為何會有這樣差異……。原因在「使用時間的方法」。

一天有二十四小時，別人工作八小時，自己想比別人多工作三倍，即二十四小時。一兩天不睡徹夜工作，可能還可以，但無論如何勉強去做，多少只能維持幾天而已。如果真的如此，隨時會弄壞身體而連工作都無法做下去。

因此，要重視利用時間的「訣竅」。一個人的工作時間有限，但多數人共同協力，互相幫助，其勞動時間的總和就龐大。

不錯，一個人的想法和努力的方法，會大大左右其工作成果。但獲得別人的協助時，成果與參加人數成正比。一個人單獨工作與多數人分工合作，兩者之差是無法估計。

猶太商人最了解這一點。所以他們經常善用他人的時間。

最近，他們不但利用別人的時間效率，也計畫了國家級的大企業。

急劇的台幣升值即是一個例子。一美元對四十元的匯率，一口氣升為史上最高的二十五•五元。不管如何，一年之間升值十四•五元，這是誰都無法預料得到的。

一年多以前，台灣如果製造商品，都還可輸出海外。但現在每一美元有十四•五元的差額，這已大幅侵蝕利益。如果依照舊出口，會招來巨大損失。

因台幣升值，許多台灣出口關係企業，都受了莫大的影響。向海外投資的人壽保險公司、信託公司等也虧損不少，在世界上能操縱這麼大資金的人，除猶太商人以外，再也找不到其他的了。

69 強烈的好奇心會成為豐富的情報來源

判斷事物的基準是，透過該知識、情報以及經驗等去判斷。所以若有豐富的知識、情報以及經驗，就能對事物下正確的判斷。

猶太人是，對自己專業範疇以外的事，也很強烈關心的人種。這就是他們被稱為「學習的民族」的由來。對任何事都有強烈的好奇心，就是多方面豎立天線，所以情報量自然會增多。這樣豐富的情報，造成猶太人有豐碩的知識，也使他們的活動多彩多姿。而且也造成他們能對事物下適當正確的判斷。

此事不知對猶太生意貢獻多少，且其貢獻是無法估計的。

今天在這多樣化、多角化、遽變的時代裡，要企業成功，最重要的條件是，需要以廣闊的視野下適當正確的判斷。由這一點看，有著博學支持的猶太人，無疑會更加顯露頭角。

70 優秀的經營者手下，會匯集優秀的人材

長久以來就說：「企業就是人」。無論時代如何變，在人類經營的社會，這項原則不會變。「企業就是人」是指，要以經營者為中心，建立良好的人際關係。

無法做到這一點的公司，不能期待好的業績，而且不久之後這種公司的結構也會有問題出來。

不管有如何完善的設備投資，或者有優秀人材的公司。如果不是聚集了充分了解老闆理想的員工，任憑個人如何有能力，相反地，該個人的能力，常常會成為阻礙。

雖然說猶太人是優秀的，但究竟一個人能完成是有限。如果在優秀的經營者手下，匯集優秀的人材，該組織會因為人材匯集成的強毅力量，而獲得成長。

卓越的經營者所領導的優秀公司，自然會匯集優秀人材，因此該組織會更富有活力，更為發展。

71 成功力量的泉源在於教育

猶太人有雜學博士的雅號，他們廣泛地對任何行業都表示關心。我們又常常會對他們所知道的都不是一知半解的知識而感到吃驚。

大多數的猶太人，都會講數國的語言，東方人當中也有會講數國語言的人，但為數不多。而且，大學教授或者有博士學位的人，很少從事生意或經營公司。

但猶太人社會裡，連僧侶也從古代起就一邊開鞋店或者青菜店，另一邊堅守最受尊敬的聖職。

猶太人無論居住在任何國家，他們一邊確保自己的生活，另一邊如果所居住的國家內沒有他們的僧侶同胞，他們會主動自願當僧侶，去守護傳統的民族教義。他們從小就以這種口傳的方式教育子孫獨立。

猶太人那驚奇的信念與能力，以及今天的大成就，如果沒有這種傳統的教育，是無法完成的。

最近出名的J・卡托富先生，到日本已經三年，現在正研究日本的天皇制。

他曾經居住在紐約，父親是大資產家，有著金錢上不愁匱乏的家世。他研究日本文化，最近經手電腦生意，又經營錄放影機的公司。

問他有關猶太人的教育，他說一般的教育是，各人進入各地區的學校，接受相同的教育。但學校放學以後就不同了。東方人在學校放學後，會去補習班，或者請家庭教師來教功課。而猶太人在學校放學後要到各地區的「猶太共同社會中心」。

在「猶太共同社會中心」接受民族歷史及祖先傳統的教育。成為猶太人神聖的義務教育，在此會培養民族的大家庭連帶感。

詳查今日美國的一流企業，說他們的董事長統統都是猶太人，可說也不為過。在美國經濟上握有極大影響力的是猶太人。造成猶太人握有扭轉世界的力量的原因，可以說是他們傳統的教育。

72 能成長的公司皆有明確的理想目標

人的生活方式可分為三種。其一是，賺錢的人與虧損的人。其二是，能使公司發展的人與造成公司倒閉，動彈不得的人。其三是，不太有成就，只是細水流長，以平凡的工作維持生計的人。

能被任何人看成是成功的人，並不多。同樣是人類，每人每天工作的時間也大約相同。但為何有人會成功而有人會失敗呢？

綜合來想這問題，首先是由於人材的能力之差所造成。當然最高經營者的經營理想目標是否明確，明顯的會左右成敗。

不單是猶太人商法是如此，今日有輝煌成就的經營之共同點，就是有明確的想法。對任何事，如果想法明確，必能迅速下判斷。人要透過所學的知識，以及自己的經驗，才能做適當正確的判斷。想法明確的人，就是平常對任何事都比別人加倍關心，而且認真努力學習的人。

其中會有勞而無功，事倍功半的人。這種人是自己的目標意識散漫，或許自認已盡力，其實與別人比，只不過是在別人平均之下的人。

據說今日美國優良企業多數都是猶太人經營的。然而企業的繁榮與否，是視經營者的作為而定。由這一點可看出猶太人經營者卓越才能。

企業的發展，靠公司的理想目標與經營者的作為。

73 猶太人經營企業成功並不是靠天賦

大家都說，掌握世界經濟的人，是猶太人。的確猶太人握有影響世界經濟的極大實力。

猶太人能掌握如此巨大影響力，是他們多年來透過企業，累積實力所得來的。那麼，猶太人是否普通都喜歡做生意，而且都會做生意？他們是不是本來就是生意天才？

透過歷史，仔細觀察猶太民族的活動，猶太人確實有喜歡做生意的氣質。猶太人的活動，不限於做生意。他們也活躍於政治、學術、藝術以及大衆傳播等等。

他們這樣活躍於各行業，可能與他們受過高水準教育有關。

猶太人從小就必須學習聖經及猶太法典。到了十三歲，為證明已成為成人，他們都要接受考試。

如果考試不及格，就不會被承認是猶太人。所以，尤其是做母親的，都熱心兒女的教育。

他們從小就要接受民族的道德教育，繼續祖先所傳下來的傳統生活的智慧、宗教、歷史以及學校教育等。

這樣的教育，在連生活都困難的逆境中施行。父母將希望寄託於孩子身上。社會上對他們的

壓力，反而成為反抗心，而反抗心又變為向上心，使他們成為勤學的民族。

在我國也有連學校都不能上的貧苦遭遇的人，經過艱辛勤勞而成功的例子。

猶太人的卓越才能，是在貧乏的環境中，竭盡全力，為生存而學習所得來的。所以猶太人的商才是後天養成的。

74 賺錢而成功的人與不能成功的人

世界上的大多數人，都透過某種工作去求賺錢。誰都會想可能的話多獲得薪水，均為賺更多錢而努力。

但做同樣的努力，有人一帆風順賺錢成功，有人一事無成，一敗塗地。

「努力是值得稱讚，但不一定努力就會開花結果」，不是只要努力就好。如果想法不對，目標不明確，其努力常常是徒勞無功。

「人與財，會匯集在珍惜它的人地方」。有魅力的人，有賺錢才能的人，一定是惜才的人。愛惜人才的人，會受人感激，受人歡迎。

生意是給予人所需要的，以解決他人的困難為出發點，能做到這種地步，就會受多數人的感謝。

外觀上雖然是同樣努力，但為自己利益而努力的人，與符合社會上多數人的歡樂而努力的人，其努力的結果當然有顯著差異。

一般人對猶太人的印象，是認為他們是善於賺錢的民族，並且成功的例子很多。詳查今日猶太人的活動情形，可見已建立世界級巨富的猶太人不少。不但在經濟上如此，做為科學家、藝術家、政治家而成功的人也非常多。由諾貝爾獎得主絕大多數是猶太人來看，可說猶太民族是世界上智慧水準最高的民族。

我沒有捧猶太人之意，但看他們在長時期物質上、環境上窘困匱乏的情形下，今日能活躍於全世界，還嫌世界不夠大，實在令人驚訝。

探究猶太人能在各方面建立偉業，完成大功的原因，可以說是他們受廹害，在苦難中仍能堅持自己的信念，胼手胝足、孜孜不倦努力過來的傳統智慧。

對猶太人來講，透過教育而發揮自己的可能性，是他們今日左右世界的最大資本。

75 捨小利追求大利的猶太人

世界聞名的巨富，洛斯查爾德、歐納西斯、洛克菲勒等大富豪。他們的上一代，都是連過日子都困難的窮困家庭，而他們就出生並生長在這種家庭中。

他們從小就比別人加倍飽嚐貧乏的辛酸，所以殫精竭慮地幫助父母以改善生活。

與普通小孩不同的是，他們經常追求有價值、有效率的工作，並為機會的來臨做準備。我們常叫「有備無患」這句話。平時多充實、準備，當機會來臨，儘量發揮，這就是完成大業的重要因素。

無論任何好機會來臨，如果沒有接受好運的準備，這個好運就會跑掉。

今天擁有巨大財富在世界上成功的多數猶太人，當然都擅長於把握機會，而且他們更是努力創造機會。

例如，邁亞•洛斯查樂路，他們開始做古幣生意時，如急於想賺錢，是有機會可賺的。但是，為將來著想，他以薄利為顧客服務，為將來更大的利益犧牲忍耐。

不是兩年、三年的事，邁亞為介紹古幣給在宮廷服務的將軍，而開始與宮廷來往。將二十年間，為獲得信用，他忍耐以薄利，孜孜工作、服務。

二十年中，他誠實地與威爾赫姆侯爵做生意，而獲得威爾赫姆侯爵的信任。甚至被委任管理一部分財產。

邁亞四十五歲時，法國發生了革命，而鄰近的國家也掀起了戰爭。

當時歐洲最大金融業者——威爾赫姆侯爵，趁機收下為籌劃軍費焦心苦慮的諸侯君主的金銀珠寶和證件等為抵押而貸款給他們。

反應快且有生意長才，並承蒙威爾赫姆侯爵信任的邁亞，在那一大變亂時期，協助威爾赫姆侯爵，在戰時金融及軍需品交易上，大為活躍，因此打開自己意想不到的成功之路。邁亞・洛斯查樂路財閥的基礎就是在那一個動亂時代建立的。

76 猶太人的指南書「猶太法典」

猶太教聖典「猶太法典」的意思是「偉大的研究」，或者可解釋為「尋根究底的學問」。「猶太法典」是，作為一個猶太人的人生指南，包括生活的智慧、法律、商業等一切人生生存所需要的指南。

猶太法典是在精神上、經濟上、社會上，引導猶太人的聖典。

這本法典是，大約在紀元前五百年前至一千年之間，由二千名以上猶太僧侶，搜集猶太民族的生活規範而成的。所以在猶太法典上，收錄了有關商業、道德、法律、宗教、人生、知識等一切。

猶太人從小起，就要學習猶太法典，他們藉此繼承祖先的經驗與知識，所以與別的民族比較，他們有很多優秀的生活方式和富有創意的構想。這都應歸功於學習猶太法典。

今天猶太人在世界飛黃騰達，像天才一樣超群絕倫，活躍於世界，也就是靠學習猶太法典而來。

猶太人經過二千年長久時間，被趕出國外而民族離散，並繼續過著被廹害的生活。但如同奇

蹟般地，猶太民族存續至今。這是因為他們以「猶太法典」做為民族心靈的故鄉，做為猶太人的太陽神，反覆學習而利用於每天的生活的結果。因此他們在異國之地，披荆斬棘，尚能保持民族精神與連帶感。

在猶太法典裡，有關商業的教誨也很多。舉例說，裡面有人死了以後到天國，神會問「你一生是否誠實做生意？」這樣一段話。

所以在他們社會，禁止做騙人的生意。猶太人從猶太法典學到誠實做生意，他們認為，公正做生意才是處世的正道。

77 教育是引導猶太人走向成功的唯一道路

「失敗是最好的教育」。經過失敗，可反省自己的不足，在逆境，可學習順心的環境裡所無法學到的東西。所以，遇到失敗，要看承受人的心情與態度如何，而失敗也可能變成有益的教育。

無論遭遇何種不幸，或者何種逆境，能力圖自強的人，終有一天必定會成功。

被稱為「外交魔術師」。擔任尼克森及福特兩位總統的左右手，轟轟烈烈活躍於世界舞台的季辛吉國務卿，他的外交成果是有目共睹的。

這位季辛吉是十五歲時，從德國鄉下，全家移民到紐約的難民居住地區。知道沒有什麼財產的人，要打開成功之路，就得靠「教育」的季辛吉，毅然決然地用功學習，而具備知識於一身。

他白天打工，晚上為想擔任會計師而上夜校，他希望使自己成為活躍的企業家。結果，他的夢想愈來愈大，而終於靠自己的努力，成為活躍於美國的國務卿。

78 誰都有成功的機會

靜觀完成大事業並被稱為卓越成功者所走過的遭遇與過程，可知他們多數決不是在富裕的環境中成長，他們的成功不是靠先天的天賦或者環境造成的。

然而未能成功的人，會自我辯解說「我出生於貧窮家庭」，或者「身體不健康」、「沒有受過充分的教育」等等。

成功不需要有藉口，成功與出生的環境，不太有關係。猶太人生存的環境，比任何民族都可憐，他們即使無法上學，也會在工作之餘自修。

世界上的成功者，卡耐基、愛迪生、肯特、洛斯查爾德，洛克菲勒等人，都沒有受過充分的正式教育。

尤其是愛迪生，他只上過小學幾個月而已，但他卻有著輝煌燦爛的發明王生涯。

79 走過自己光明道路的猶太人

看歷史上完成大事業的人，他們都有積極的想法。他們都不斷地勇往直前，他們脫離常軌而走上成長發展的途徑。猶太人的太陽神——猶太法典，裡面有「人要脫離常軌，才能打開進步之路」這段話。

有高瞻遠矚肯力爭上游的人，都是脫離他人經常走過的成果，不可墨守成規，要特殊才能成為有個性的人。

聖經也有「新酒要裝在新酒瓶」的教誨。不準備新的容器，不會有新的收成。

猶太人一直被教導，要脫離常軌。為了要創造新的生活方式，要經常對事質疑。

歷史上功成名就的偉大科學家，或者締建億萬巨財的大事業家，他們的想法與生活方式，都別出心裁，獨創一格，不被一般常識拘束。單純的質疑，或者構想，不少會成為脫穎而出，完成大事業的提示。

用與別人相同的想法，走同樣的路，可能比較安全。猶太民族雖然是離散在世界各地的少數民族，但他們在多方面有出色的成就，這可歸因於他們有自信的獨具慧眼的生活方式與創意。

無論遇到任何困難，該困難是為解決而存在。無法解決的問題，神不會賜予世人。他們以這種信念，剛毅果決地生存了下去。

80 因為好學不倦而復甦的奇蹟民族

仔細觀察成功的人，他們都是肯接受別人對自己真實、正確地批評的人。目標不是別人給予的，目標是要自己設定。成功人，是積極為達成目標而力圖自強、努力不懈的人。

而無論做任何事，都有不會自己主動訂定計畫，及主動工作的人，這種人是不受到別人指揮，就無法行動的消極者。

要勝利成功或者失敗，要看自己是否堅持願望，為實現願望，不折不扣地、忠實地、志在必得地，一步一步去努力。

今天在各方面大放異彩的猶太人，也不是出生就具有成功的素質與天分。人是受教育與環境所造成的。

猶太人才情卓越，有多數事業成功，是因為他們重視教育，重視宗教的戒律。

今天猶太人成為世界上成功率最高的民族，是因為他們在生活及事業上，繼承他們祖先透過生活體驗所開發出來的傳統知識教育。

成為猶太人教育中心的書藉是「舊約全書」與「猶太法典」。每天學習聖典，已成為猶太人最佳生活習慣。

如果，沒有他們的教育，今天在地球上，連猶太民族這名詞都不會留存。

人類歷史上，曾經存在許多民族與文化。但戰敗亡國的國族，能生存至今，除猶太人以外尚無他例。

由這一點來看，可以說猶太人是經由教育而復甦的奇蹟民族。

81 攀登失敗之山才能獲得成功

「失敗是邁向成功的教育」，很少人因為沒有能力而失敗。失敗的最大原因，是他自己的心理建設有問題。若目標設定不明確，就無法集中力量。力量散慢、疏鬆，就會招致失敗。

成為世界首富的洛克菲勒也說：「腦筋如果清晰，就會成功。」這也就是說，事業目標要明確。

他締建億萬巨富，也不是一朝一夕，一蹴可幾。他也是經歷創業維艱，且備嘗辛酸，克服自己意懶心灰，才建立席豐履厚，綽綽有餘的生活。

連洛克菲勒這種大人物都說過：「每遇災難、挫折，都努力扭轉它使之成為好機會。」

即使，現在萎靡不振，陷於苦境中，也不可喪失再一次攀越失敗之山，開創成功之道的希望。

如有「過去的失敗是明日成功的線索」這種想法，就可有效利用失敗的經驗。

會成功的人與中途會退怯的人，其差異在於會成功的人具有徹底分析失敗的原因，及防止重蹈覆轍的習慣。但不反省失敗原因，不以失敗做為下一個成功的跳板的人，是會重蹈覆轍的人。

而且自認自己不行而裹足不前，正是自己加蓋失敗者的烙印。

成功之道是，失敗時如何利用失敗的經驗，於後來的人生與下次的事業之中。

「失敗為成功之母」是家喻戶曉，衆所周知的話。不管遭遇何種失敗，如果能究明正確原因，以失敗為教訓，且能重新站立起來的人，就是穩操勝算，手持通往成功之路的護照者。

82 在逆境中為成功鋪路的愛迪生

研究完成扭轉乾坤，永垂不朽的事業者的一生，會發現，有很多值得學習的地方。他們不但走過逆境，甚至於逆境中為成功鋪路，而成為知名之士。

掀起現代文明開端的發明家愛迪生，不是過著平穩無事的少年時代。他進過小學，但被教師視為智能不足而僅在校三個月，就被勒令退學，以後，他在家受母親的教育，到十二歲，就在火車上賣報紙雜誌以幫助家計。

據說，當時愛迪生在火車上貨物車廂用功以及做化學實驗。經密西根州某一車站的站長，教他電報技術而成為契機，他辭掉在車上賣報紙的工作，改在車站當電報務員。以後愛迪生，日以繼夜，專心致志地學習研究電力。愛迪生於一〇九七年完成有益人類的大發明。可是他只上過小學三個月，所以其表現確實令人肅然起敬。

愛迪生透過自己的工作，力行不怠，努力不輟，證明了只要自己有想試的決心，沒有人的能力所不可能完成的事。

今天，絕大多數的人，從幼稚園到大學，接受了近二十年的教育，能接受充分的教育算很幸

運，但接受長期教育的人，不一定都會成為成功者。

自己如果沒有主動學習的心願，沒有正確的人生目標，就不能確立奮鬥的方向，如此一定不會成為成功者。

83 成功屬於認真夢想的人

凡是建立豐功偉業的傑出人才，每一位都富有創造性且積極思考，都是比別人加倍地堅持信念，勇猛精進的人。

他們共同之處，是都有明確目標。

以今日世界最富裕的洛克菲勒家族為例。詹•洛克菲勒小時候，決不是過著錦衣玉食的生活。他父親是在紐約偏僻的一角，跑街行商的人。

後來，詹•洛克菲勒開始做農產品的仲介生意，而生意日漸上軌道時，又著眼有未來性的石油事業，進入煉油的行業。

有經營企業才能的詹•洛克菲勒，成為石油業的帝王，支配全美國煉製石油九成以上的產量。

後來又擴大事業，進入運輸業、林業、礦業，而成為世界第一巨富。

晚年，他從實業界退休，設立洛克菲勒財團，對學術、教育、國際文化事業等貢獻頗多。

今天，他握有統轄美國十大產業中的六家公司，十大銀行中的六家銀行，十大保險公司中的六家公司權力。並且支配二百家以上的分佈在世界的跨國藉企業。

僅百餘年的時間，能建立如此巨大財富，起因於他燃燒著，平常的人無法想像的嚴正且認真的大夢想。

洛克菲勒家族中支配下的代表性企業有：

- 石油公司（艾克遜、標準、德克洛斯）
- 電氣、電子廠（ＧＥ、ＩＢＭ）
- 鋼鐵產業（ＵＳ鋼鐵）
- 廣告公司（ＧＦ、普殿沙）
- 銀行（爵士・曼哈坦・花旗）

這許多出類拔萃的經濟力，據說加起來等於日本今天的國民生產總毛額。

第五章　倖存民族的成功法則

84 可失去敗產，不能失去勇氣及能力

不知誰說過：「失去金錢是小損失，失去名譽是大損失，而失去了勇氣是全盤皆失。」的確，今日所謂的大資產家，都是指以有效的運用資產，來尋求利益之管道，經營生產價值事業的人而言，雖號稱資產家，也是被財產稅的問題搞得焦頭爛額，過著窮困生活的人。

身為第二代的繼承者，又非得繳交繼承稅不可。若以稅率百分之七十來說，繼承家人的產業，只要經過三代雖上億的財產，也會變成零。在這之中，甚至有人因剛繼承財產，所接手的事業又從未接觸過，而把財產全部賠光，並欠下大筆債務。

正如「財富是由人創造出來的」所言，要是喪失了振興事業，賺取利潤的能力，那財產是絕對不會增加，而且想要繼承保持下去都很困難。

要賺錢，倚靠資本是無可厚非，但最重要的則是要有能巧妙的運用資本，使之具有生產的價值能力。要是有運用人、物及他人的才能，必定能賺錢，而且財富將越滾越大。但是，要是才能經驗都很貧乏的人，即使豐渥資金卻仍慘遭失敗，也是理所當然。

因此，賺錢最重要的就是，具有能力使金錢產生能力。

在長久經營的路途上，或許會遭遇到意想不到的事故或破產，或陷入經營危機裡。

然而，不管你是不是失去了所擁有的財產，而陷入了萬丈深淵之中，只要你有從新再起的勇氣及經營能力，必定會在未來的日子裡，成為一位成功者。

85 化負為正

仔細想想，人只會為自己所想的事去付出行動，而結果之好壞，即在於自己的判斷及行動的結果。好的想法，得到好結果；壞的想法，得到壞的結果。

不管是誰，人都有好的時候，也有壞的時候。但最重要的是身體狀況不良時，就會有問題。即使自己嘆息為何噩運一直跟著自己，也是沒有辦法的事。

在這個時候，希望你有「人是思考的動物」的想法。「好好地深思，認真努力去做，就會變好」。或許這是理所當然的事，對於理所當然的事，能理所當然的徹底考慮，視努力與否，所帶來的成功或失敗，將有很大的不同。

想想，猶太人不管他們處於多麼險惡的困境中，從不失去希望。不管承受怎樣的廹害，在未來的日子，必定從新站起來讓世人從新評估，可說是一個從不捨棄向前邁進希望的民族。

即使失去了國家，也堅信有一天必定復國，當失敗而陷入最艱苦的狀況時，則決不讓有比此更艱苦的時刻出現。對於明天，心存一種好日子即將來到的夢想，而忍耐地承受些苦痛。

猶太人也被說是愛開玩笑的樂天主義民族，能把最不好的狀態，想像轉換成好的，具備一種樂天的想法。

對於明日等未來，可說是誰都尚未曾踩踏的白紙。現在，若能擁有一種發展性的思考，未來也必能開創出一條有建設性的大道。

但是能貫徹這種想法的人並不多，有很多人思考著無法向前進行的事，議論著一些不好的理由，這都無法得到一個好結果。

若是冀望著成功，在不好的結果出現之際，就得趕緊思考如何把它變成好的行動，怎麼做才能順利進行。為使好的成果產生，就要去思考，並尋找出成功的條件。

今日，大有所為的猶太人，他們都時時刻刻在思考著如何變成成功者而竭盡所有的努力，這是其他民族所無法相比的。因此才能不斷出現出類拔萃的人。

86 由屈辱和行商中得來的猶太生意經

現在，猶太人正活躍於世界金融界、經濟界。一說到猶太人，第一個印象即是那種很會賺錢的人種。

但是，當我們溯其本源時，就會發現猶太人原來是一遊牧民族。在過去定居於以色列時，才開始農業，過著一種半農半遊牧的生活。這個時代所說的卡難人，表示外國人及行商人的意思。在當時，做生意都是外國人，猶太人只專心於農事方面。

然而，在歷史的大滾輪中，卻因羅馬軍隊，而帶來很大的改變。猶太人被驅逐離開以色列，流亡世界各地，殘喘地活了下來。由於他們是流浪的民族，土地所有權無法被承認，更被人以一種低地位的人種來看待。即使到了中世紀，能活動工作的地方，也只是限於猶太人街而已，除了成為商人之外，別無其他生存之道。

看看猶太人的歷史，會發現猶太人並不是原來就具有商人的天賦，從某種角度上來說，要生存下去，就得變成商人。因此，對於當時的猶太人來說，買賣是一種相當屈辱的道路。

教育水準高的猶太人，因為讀寫計算都很拿手，故具備了身為商人的基本能力。

而且，猶太人借著猶太教的力量，所產生的同一民族意識很強烈。這種民族的連帶感超越國境，雖是住在異域，亦能互相結合，團結在一起。

這根民族互相牽引的線，緊緊地繫著情報交換的網路，國際行商的網路。

以結果來想的話，猶太人因戰敗而失去國家，才能得到今日民族性的成功。但是，不容我們忘記的是，猶太民族所過的一段苦難歷史。

不管在那種範圍，想要成功就得尋求真實，向正確的目標邁進，不間斷地持續努力。猶太人所走過的歷史正告訴著我們這件事。

87 從零而成巨富的猶太人

猶太人即使邁入這世紀，仍然置身於險境。在人類歷史上，再也沒有像猶太人那般被受迫害、虐待的民族。

而德國納粹黨對猶太人幾近六百萬人的大屠殺，則是最極至的廹害手段。

歷經長久苦難歷史的猶太人，為了使自己活得更好，首先在教育上下工夫，並增加信心，變成比其他民族更優秀的民族。

而且深信，只要變成了不起的人，就能為其他民族所接受，並和平相處。相反，要是引起其他民族的反感，則又將淪落成被廹害的對象。

猶太人不管承受什麼廹害，或在多麼惡劣的困境下，從未捨棄希望和信仰。

不管處於多麼苛刻的逆境中，或倍受異邦人蔑視而變成孤立之中，而有一天將變成富裕的願望和想法，亦可說成民族願望，藉此一絲希望，度過苦難，至今搖身為人類之中最為富有的民族。

人類的民族差異及能力差異並不是很大的。差異是在於人的思考方法，及目標的大小。滿足於小小目標的人，及連目標都沒有的人，若和燃燒著偉大的理想，抱著大願望努力不懈的人相比，就有如天壤之別。

猶太人今日的成功，決非偶然。這是他們以所有的崇高宗教心，和在逆境中不斷地祈求成功，不斷地努力而得到。

想成就任何事，要是沒有信念和持續的努力，一定無法得到成果。

想想猶太人都可從零而成為巨富，你成功的可能性亦相當大。但是，這個可能性，必須是心底的願望，要堅信它有實現的可能，努力去做才會開出結果的花。

「所謂偉人是抱持著偉大的願望，做了了不起努力的人。」不管那位偉大的成功者，要是遠離了這個黃金規律，注定將與成功無緣。

88 只要有幹勁必能創造偉大的時代

社會環境是多樣化的，時代急速地改變著。昨日還被認為是好的戰略思考，到了明日將行不通，變化急遽的時代已經來臨。

為了能在這種時代中戰勝殘存下來，適應變化相當重要，也就是能早一步觀察出社會的變化，施行策略，採取先行戰略。

為此，人材的能力開發和適才教育就有其必要性。也就是說以那些先進國家為先驅，迎向一個能讓人類潛能快速擴大的多樣化時代。

照理來講，可以說沒有一個只是溢滿美夢及可能性的時代。但是，只要有肯做的心力，哪怕只有一個主意，這就是一個無事不成的時代。

的確，對於有目標肯努力的人來說，受惠於這個偉大可能性的時代，在以前是根本不可能的。譬如，現在是立於困境之中，而把逆境視為將來的墊腳石，抱著必定成功的信念，而努力去做，就必定會成功。

89 掌握成功的機運

今日有所成就的人，常常會說：「因為我的運氣好，所以才會成功。」的確，幸運和不幸運說它不存在是說不過去的，但我們並不是光依賴運氣渡過漫長人生的。

把運和走運認為同樣意思的人好像很多，其實它們意義是不一樣。

走運並不是指命運好，受惠於機會的恩賜，而是指能創造機會，而努力去做，以自己的能力所締造出來的機運。

因此，成功的人並不只在業績的結果上，而是擁有把成功的運喚出來的能力，並能恰如其分的努力，所帶來的成功。

這正意味著，猶太人之偉業，在於他們比任何一個民族都磨練自己把運喚出來的能力，而且能努力去實踐，即使是最不為上蒼所眷顧的惡境之中，都能突破，所以才有今日之成就。冀望著成功，就必須要掌握成功的機運。

90 智慧遺產的傳承，猶太式的教育

被稱為學習民族的猶太人，比起其他民族更熱心於教育。

直到現在作為領導猶太人精神砥柱的是「聖經和猶太法典」。

猶太人借著每天學習猶太法典，而磨練生活的智慧，在生意、政治、學術上或其他方面，都發揮這些智慧，來完成偉大的事業。

在猶太人中流行著這麼一句話，三日不學聖典，就不是猶太人。所以他們有研究祖先之智慧的經典的習慣。

在猶太人的社會裡，每星期五日落之後到星期六日落為止定為安息日。而這一天非完完全全的休息不可。

安息日，不僅是不工作而已，也禁止所有有關工作方面的談話或思考，或金錢的計算。

然而這一天到底要做什麼呢？這是傳承先人經驗智慧遺產的教育日，當然，也是一種宗教性的典禮。在這一天，隔離所有的事情，好好注視自己，學習聖經或猶太法典或同家人、友人談論提昇智慧的話。

猶太人，一星期中有一日，必定有這樣知性的充電時刻，借著它既能自我啟發，又能確認自己的本質。

有些人亦被稱為熱心教育的民族，但是同猶太人的教育目標，有相當的差異。猶太人的教育是來自民族歷史，僧侶的生活智慧，祖先痛苦失敗的經驗談，而現在的教育內容則儘是一些不被重視的東西。

智育是必要的，但是最重要的基本健康生活的食育卻被遺忘了。此外要是體育、才育、德育，無法取得的平衡，將來，不管是多麼熱心於教育，反而會產生有缺陷的人格。

猶太人的教育是宗教、法律、政治、歷史、藝術、生意、人生，先人所研究猶太法典的融合，是和其他民族完全不同的多才性能力教育，猶太人的成功，受祖先智慧遺產相互的傳承影響很大。

91 猶太人是跳出廹害中的生存族

數年前，訪問以色列的時候，在泰魯阿比普大學校園內參觀剛完成的猶太人歷史博物館。

在這博物館裡，展示著栩栩如生的模型，有關猶太人失去國家，在異國受到廹害的種種悲慘情景。像這樣的博物館在大學的校園中興建，非一般人所能有的想法，為使往後的子孫，不要忘記過去的失敗及祖先們的辛勞，所以把它當成現實的問題來思考。對於有學習習慣的猶太人，為使學生們不要忘記民族受到廹害的歷史，而特地在學校興建博物館。

當然，館內也展出著苦學而得到諾貝爾獎的科學家，白手起家的大事業家及政治家等受教育而活躍的情景。

歷史上任何一個民族都沒有像猶太民族那樣有這麼多的苦難，但不管在怎樣的困境中，從不失去一個民族的理想和目標。

數千年間，為了建國，分散到世界各地，在異邦之中度日，但卻根深蒂固地貫徹民族教育，遵守猶太教的信仰，在人類歷史上可說是一大奇蹟。

對於從苦難深淵的歷史活過來的猶太人來說，現代的世界激動期，並不是什麼大不了的事，

反而能適應多樣變化，更擴大活動範圍。

在今日易變的世局中，為了存活下來，首先一定要有猶太人那種適應環境的能力，而這種適應的能力，正是分出誰勝誰負的關鍵。

92 猶太人能力開發之先鋒必勝教育

戰勝最大的條件是要力量大。但即使力量稍為弱了一些，只要是先挑起了戰鬥的話，則有利於這個戰鬥的進行。人若先行培養了對事的對應能力，就能有柔軟的思考能力，亦能訓練培養先見之明。

第一，提昇自我學習的意念，促進自我啟發。所謂自我啟發即是自我學習，把能力提昇的智慧更豐富起來。亦即變成一種開發創造性的東西，養成先見性。

今日的社會背景，受時代的影響，各地興起研習、創造性開發及人才開發之熱潮。

結論正如「企業是由人造就」的一樣，人材開發、能力開發，對於企業經營來說，是求生存的戰略，及決定戰勝的招數。猶太人在這數千年來，一直從事能力開發的教育。

93 幸運女神不訪問沒有自信的人

很多人感嘆自己沒有能力，好運一直都不來，不管做什麼，都無法做好。然而積極性的「幹勁」不是在你唉聲歎氣中產生的，而是自己向前思考所得的結果。

人類的本能，並沒有什麼差異。重要的是人是否能磨練這些與生俱來的能力，以發揮自己的潛力。

才能和機會都是靠自己努力才能得到的，不相信自己本身能力的人，別人也不會信任他。因此，要先把自己變成一個擁有自信，且能運用自己能力來抓住機會的人。

所有偉大的成功者，他們必定是相信自己的能力，而且抱持著自信，積極地向目標努力跨步前行的人。

成功與否，決定於個人的人生觀。能學習到積極思考的生存方式，採取有自信的行動，就能開創一條幸運之道。否則連做事都不起勁的人，幸運的女神是會逃之夭夭的。

94 使世界轉動的猶太人的自我開發

在各民族之中最熱心教育的，可說是猶太人，世界各國雖也熱心教育，但不及猶太人。

猶太人在建國以前，有很長的時間沒有祖國。在世界各地流浪，所行之處到處充滿廹害。即使說現在有了國家，但對居住在外地的猶太人來說，有太多太多的人，沒有見過自己的國家。

猶太人，為了建國，承受了數不清的廹害，未能親身經驗的人是很難去理解他們的痛楚的。

對於猶太人來說，只要有生命，學習走到哪兒都能東山再起的能力是相當重要的。

因此，他們熱心於自我能力的開發，不管自己這一代過得多麼貧困，但對於子孫的教育都不敢馬虎。

為使在世界任何國家都能生活，特別在語文方面下工夫。幾乎所有的猶太人，都能輕輕鬆鬆說二種以上的外語。

目前，全世界的猶太人不到一千萬人，比台灣的人口還少，但是猶太人活躍的情形，卻是推動現代世界前進的一個大力量。

他們在科學、宗教、政治、經濟、藝術、醫學、廣告、思想界等，出現不少鼎鼎有名的大人物。

僅就諾貝爾而言，得獎者都比日本人要多。日本在世界上，也算相當重視教育的國家之一，但要達國際水準，似乎還有一段距離。

最近日本受國際化波濤之影響，學習外語之熱潮正如火如荼地展開，日本人依舊還是被評為學習語文能力最差的民族，要像猶太人那樣自由自在地使外語朗朗上口，可得再花上很長的一段時間。

95 度過苦難時代的智慧

猶太人於二千年前，被驅逐離開富裕的祖國，流浪於世界各地，忍受著其它民族的迫害。在錢、權利、名譽、居住的地方都沒有的異國之地，在不同的語言、文化、生活習慣中，過著一種苟延殘喘的賤民生活。

他們賴以為生的手段，是當時人們所厭惡且最不願意從事的工作——生意買賣。在一種只要有錢賺的心態下，不管錢的數字是多麼微乎其微，都拼命去賺。

儘管錢是多少，但對生活或多或少都有幫助。再則，把小錢累積起來，亦可做為下次買賣的準備。

「只要有準備，什麼事都很容易」猶太人不管在任何困苦環境中，都不曾忘記這句話。

因此，即使在惡劣的環境中，仍執著於最好的成果，且在平常不忘記盡最大的努力。「羅馬不是一天造成的」今天猶太人的成功，是基於他們有著別人所做不到的努力，累積而得到的成果。

96 只要盡最大的努力，成功就屬於你

買賣事業經營的技巧有效地運用人、事、物、金錢和時間，總合這些所得到的就是結果。所以常有人說「經營就是結果」。

所謂做生意，簡單地說，就是為了賺錢，經營公司就是借助社員集體的力量，更有效益、更合法地賺取金錢。公司就是為此目的的戰場。然而一般來說，抱著賭命的意識在工作的人是不存在的。

但是，對猶太人而言，或許是因受了摩西時代的民族傳統教育之影響，他們在工作、生活中，都是抱著賭命的意識而全力投入。

亦即，猶太人對於任何事，都盡自己最大的努力來貫徹自己的生活哲學。不盡力的人，就無法得到最好的結果，只有平時盡最大努力的人，才能開創成功的道路。

97 雖擁有財富及名譽，但卻不幸福的石油大王

出身於貧窮商人家庭的洛克菲勒，在他年輕時，就以賺取錢財及獲得名聲為努力的目標。常常思考著如何賺錢，為了如何去汲取錢財，投下巨大的心血。

從身無分文開始起家的洛克菲勒，在存了一筆錢之後，即投身於農產品仲介的行列之中，錢就像滾雪球似的越滾越大，當時他是以賺錢為目的，即使拿別人做為墊腳石，仍然以本身的利益為優先考慮，努力去斂財。

後來從事石油事業，大有斬獲，最後變成執全美石油業牛耳之大企業家。但知道他以不當手段賺取錢財的人大都不會尊敬他和讚美他。

而且更有很多人嫉妒他的事業成功，而抱著憎惡的心態。

在他年輕時，一直以賺錢為目的，對於窮困的人不曾伸出任何援手，更別說存著為他人犧牲的心。

但是在他過了五十歲之後，雖然年輕時的願望都達到了，空虛感卻充滿心扉，尚且一直自問還有什麽不滿的，而不斷自尋煩惱，終於變成嚴重歇斯底里症。

當他仔細在思考人類之幸福為何物時，才猛然察覺到，到目前為止自己所追求的，都是虛幻，而且也覺悟到自己欠缺體諒他人之心。

有了這些不斷反省之後，他決心把自己所儲蓄下來的大筆財產，用在人們身上。

得到巨富卻得不到幸福的石油大王就像在敍說人生的一個故事，即使得到富貴的地位，但是心靈都不充實的話，也就無法掌握生存的意義及價值。

在世界上大部分的人都是想在競爭的社會獲勝，而得到財富和地位及名聲。現實的社會是相當殘酷的，但願大家不要忘記也要與豐富的心靈競爭。

98 超越苦難所得果實越大

再也找不到像猶太人那樣受到廹害和苦難的民族。如果，猶太民族忍受不住慘痛的生活，而逃避廹害，放棄自己的宗教及傳統教育的話，照理來說，應該可過一種舒適的生活方式。但是猶太人，並不追求舒適，而選擇苦難的道路。

雖付出很大的犧牲及辛勞，但在這之間對於未來都抱著夢想。記取民族戰敗的慘痛的經驗，永遠不再重蹈覆轍，更且把明天當成生活食糧而忍耐地度過。猶太人今日搶眼的活躍情形及繁榮的景象，可說是忍受長期的屈辱，突破苦難而得到的代價。

誰都有失敗輸給競爭對手的經驗，但是失敗並不可恥，重要的是當陷入困境之際，如何去尋找挽回之道，才是要點之所在。

但是越是急於翻身，反而所掘的洞就越大。更可怕的是，因失敗而失去幹勁，甚至無法再立計劃，或失去挑戰的意念。

以「失敗是成功之母」來想的話，雖然失敗了，但仍努力不懈去做，終有一天就會得到成功。

人是每越過一個障礙，就會向上成長，不管處於什麼困境中，只要自己抱持著戰勝它的決心，將來一定能有所大成。

想想看，人的能力是無限的。雖然相信自己「能做」但是要是不努力的話，就不能把能力引導出來。

總歸一句話，包圍人的環境和障礙是有限的，所以說，任何困難都是能夠解決的。

99 猶太人是學習苦難和失敗的民族

任何人在工作上或生活之中都有過失敗經驗。然而失敗之後要怎樣做呢？當然是重新訂定計劃，再次面對挑戰。

向下個目標前進是很重要的，但是意外地有很多人，卻因一次的失敗，對失敗產生恐懼，而失去去做的意念。像這樣的話，根本無法冀望成功。

失敗的經驗是很苦澀。但是從失敗之中去學習失敗的經驗是比什麼都重要。因為它既可探討失敗的原因，和徹底尋找出問題之所在，亦能不讓失敗再出現。

因此在失敗中學習的態度是不容忽視的。畫好前進之藍圖就能得到用錢買不到的寶貴智慧。人要歷經辛苦，且嚼咀痛苦經驗，才能高人一等。

走過歷史苦難的路程，學習祖先的失敗，這在世界上，可能只有猶太民族。

對大部分的人而言，慶典節日是歡樂的日子，對猶太人來說卻是回想民族苦難及失敗，和記憶不要有第二次失敗的學習日。

猶太人不忘數千年祖先的苦難及失敗經驗，把它當成新的教訓來學習，作為向前躍進的能源

，而充分地活用。

想想看，其他民族都無法像猶太人在失敗之中，謙虛學習，不斷努力。今日猶太人之偉業，可說是努力活用及學習失敗的產物。

100 成功是心理準備下的產物

人生就像一齣實現願望的連續劇。而這人生之舞台上，是沒有重新來過或再來一次的機會，它僅僅就這麼一次，嚴謹地分勝負。

把人生省略一下來看看，到三十多歲或四十多歲時，那可是勝負真章的時刻，這時很多人都驚嚇到前半段的人生過得這麼快。但是沒有什麼好怕的。人生遊戲，最重要的是最後是否能露出勝利者的笑容。

在猶太的聖典裡有這麼一句話「成功和失敗，都有其習性。」在人裡面是各有各的習性，而其大致可分為幾種。以成功型的、旁觀者型、失敗者型來看的話，有下面三種特徵。

一、成功者型是對於任何事，即使一開始其前方的目標就是不可能實現的，但無論如何都想要去實現它，把它變成可能，常常都有著一股接受挑戰的精神在心中燃燒。

任何事把積極地思考，確定目標之後，為達目標奮力不懈，即使有些困難仍不放棄，堅持到最後的人。

二、旁觀者型，對自己的人生並未了解的很清楚，對於世上的東西都抱著一種冷眼旁觀的態度。大部分的人都屬於這一類型。這種人並非就不能成就大事，只不過為了要成就大事，就非得扛起模範式重任不可，而這責任可是相當痛苦的。因此他們自己不想行動，而只是看別人在做些什麼。

三、失敗者的有二種。一是憎恨別人成功，輕視人自己而陷於悲慘人生之苦境的人；另一種是很想成功，卻一直都落於失敗的人。

想想，人生不可以說是由失敗所伴隨而來的。

像猶太人，不管在任何逆境之中，往前進的意志卻始終不斷，一直抱著總有一天生活會變好的美夢努力不懈，如今才變成世界最富有的民族。的確「猶太人的成功，是心靈準備下的產物」。

大展出版社有限公司 圖書目錄

地址：台北市北投區(石牌)
致遠一路二段12巷1號
電話：(02)28236031
28236033
郵撥：0166955～1
傳真：(02)28272069

・法律專欄連載・電腦編號58

台大法學院 法律學系／策劃
法律服務社／編著

1. 別讓您的權利睡著了 [1] 200元
2. 別讓您的權利睡著了 [2] 200元

・秘傳占卜系列・電腦編號14

1. 手相術 淺野八郎著 180元
2. 人相術 淺野八郎著 180元
3. 西洋占星術 淺野八郎著 180元
4. 中國神奇占卜 淺野八郎著 150元
5. 夢判斷 淺野八郎著 150元
6. 前世、來世占卜 淺野八郎著 150元
7. 法國式血型學 淺野八郎著 150元
8. 靈感、符咒學 淺野八郎著 150元
9. 紙牌占卜學 淺野八郎著 150元
10. ESP超能力占卜 淺野八郎著 150元
11. 猶太數的秘術 淺野八郎著 150元
12. 新心理測驗 淺野八郎著 160元
13. 塔羅牌預言秘法 淺野八郎著 200元

・趣味心理講座・電腦編號15

1. 性格測驗① 探索男與女 淺野八郎著 140元
2. 性格測驗② 透視人心奧秘 淺野八郎著 140元
3. 性格測驗③ 發現陌生的自己 淺野八郎著 140元
4. 性格測驗④ 發現你的真面目 淺野八郎著 140元
5. 性格測驗⑤ 讓你們吃驚 淺野八郎著 140元
6. 性格測驗⑥ 洞穿心理盲點 淺野八郎著 140元
7. 性格測驗⑦ 探索對方心理 淺野八郎著 140元
8. 性格測驗⑧ 由吃認識自己 淺野八郎著 160元
9. 性格測驗⑨ 戀愛知多少 淺野八郎著 160元
10. 性格測驗⑩ 由裝扮瞭解人心 淺野八郎著 160元

11.	性格測驗⑪ 敲開內心玄機	淺野八郎著	140元
12.	性格測驗⑫ 透視你的未來	淺野八郎著	160元
13.	血型與你的一生	淺野八郎著	160元
14.	趣味推理遊戲	淺野八郎著	160元
15.	行為語言解析	淺野八郎著	160元

・婦 幼 天 地・電腦編號 16

1.	八萬人減肥成果	黃靜香譯	180元
2.	三分鐘減肥體操	楊鴻儒譯	150元
3.	窈窕淑女美髮秘訣	柯素娥譯	130元
4.	使妳更迷人	成　玉譯	130元
5.	女性的更年期	官舒妍編譯	160元
6.	胎內育兒法	李玉瓊編譯	150元
7.	早產兒袋鼠式護理	唐岱蘭譯	200元
8.	初次懷孕與生產	婦幼天地編譯組	180元
9.	初次育兒 12 個月	婦幼天地編譯組	180元
10.	斷乳食與幼兒食	婦幼天地編譯組	180元
11.	培養幼兒能力與性向	婦幼天地編譯組	180元
12.	培養幼兒創造力的玩具與遊戲	婦幼天地編譯組	180元
13.	幼兒的症狀與疾病	婦幼天地編譯組	180元
14.	腿部苗條健美法	婦幼天地編譯組	180元
15.	女性腰痛別忽視	婦幼天地編譯組	150元
16.	舒展身心體操術	李玉瓊編譯	130元
17.	三分鐘臉部體操	趙薇妮著	160元
18.	生動的笑容表情術	趙薇妮著	160元
19.	心曠神怡減肥法	川津祐介著	130元
20.	內衣使妳更美麗	陳玄茹譯	130元
21.	瑜伽美姿美容	黃靜香編著	180元
22.	高雅女性裝扮學	陳珮玲譯	180元
23.	蠶糞肌膚美顏法	坂梨秀子著	160元
24.	認識妳的身體	李玉瓊譯	160元
25.	產後恢復苗條體態	居理安・芙萊喬著	200元
26.	正確護髮美容法	山崎伊久江著	180元
27.	安琪拉美姿養生學	安琪拉蘭斯博瑞著	180元
28.	女體性醫學剖析	增田豐著	220元
29.	懷孕與生產剖析	岡部綾子著	180元
30.	斷奶後的健康育兒	東城百合子著	220元
31.	引出孩子幹勁的責罵藝術	多湖輝著	170元
32.	培養孩子獨立的藝術	多湖輝著	170元
33.	子宮肌瘤與卵巢囊腫	陳秀琳編著	180元
34.	下半身減肥法	納他夏・史達賓著	180元
35.	女性自然美容法	吳雅菁編著	180元
36.	再也不發胖	池園悅太郎著	170元

37.	生男生女控制術	中垣勝裕著	220 元
38.	使妳的肌膚更亮麗	楊　皓編著	170 元
39.	臉部輪廓變美	芝崎義夫著	180 元
40.	斑點、皺紋自己治療	高須克彌著	180 元
41.	面皰自己治療	伊藤雄康著	180 元
42.	隨心所欲瘦身冥想法	原久子著	180 元
43.	胎兒革命	鈴木丈織著	180 元
44.	NS 磁氣平衡法塑造窈窕奇蹟	古屋和江著	180 元
45.	享瘦從腳開始	山田陽子著	180 元
46.	小改變瘦 4 公斤	宮本裕子著	180 元
47.	軟管減肥瘦身	高橋輝男著	180 元
48.	海藻精神秘美容法	劉名揚編著	180 元
49.	肌膚保養與脫毛	鈴木真理著	180 元
50.	10 天減肥 3 公斤	彤雲編輯組	180 元
51.	穿出自己的品味	西村玲子著	280 元
52.	小孩髮型設計	李芳黛譯	250 元

・青春天地・電腦編號 17

1.	A 血型與星座	柯素娥編譯	160 元
2.	B 血型與星座	柯素娥編譯	160 元
3.	O 血型與星座	柯素娥編譯	160 元
4.	AB 血型與星座	柯素娥編譯	120 元
5.	青春期性教室	呂貴嵐編譯	130 元
7.	難解數學破題	宋釗宜編譯	130 元
9.	小論文寫作秘訣	林顯茂編譯	120 元
11.	中學生野外遊戲	熊谷康編著	120 元
12.	恐怖極短篇	柯素娥編譯	130 元
13.	恐怖夜話	小毛驢編譯	130 元
14.	恐怖幽默短篇	小毛驢編譯	120 元
15.	黑色幽默短篇	小毛驢編譯	120 元
16.	靈異怪談	小毛驢編譯	130 元
17.	錯覺遊戲	小毛驢編著	130 元
18.	整人遊戲	小毛驢編著	150 元
19.	有趣的超常識	柯素娥編譯	130 元
20.	哦！原來如此	林慶旺編譯	130 元
21.	趣味競賽 100 種	劉名揚編譯	120 元
22.	數學謎題入門	宋釗宜編譯	150 元
23.	數學謎題解析	宋釗宜編譯	150 元
24.	透視男女心理	林慶旺編譯	120 元
25.	少女情懷的自白	李桂蘭編譯	120 元
26.	由兄弟姊妹看命運	李玉瓊編譯	130 元
27.	趣味的科學魔術	林慶旺編譯	150 元
28.	趣味的心理實驗室	李燕玲編譯	150 元

29. 愛與性心理測驗	小毛驢編譯	130 元
30. 刑案推理解謎	小毛驢編譯	180 元
31. 偵探常識推理	小毛驢編譯	180 元
32. 偵探常識解謎	小毛驢編譯	130 元
33. 偵探推理遊戲	小毛驢編譯	130 元
34. 趣味的超魔術	廖玉山編著	150 元
35. 趣味的珍奇發明	柯素娥編著	150 元
36. 登山用具與技巧	陳瑞菊編著	150 元
37. 性的漫談	蘇燕謀編著	180 元
38. 無的漫談	蘇燕謀編著	180 元
39. 黑色漫談	蘇燕謀編著	180 元
40. 白色漫談	蘇燕謀編著	180 元

・健 康 天 地・電腦編號 18

1. 壓力的預防與治療	柯素娥編譯	130 元
2. 超科學氣的魔力	柯素娥編譯	130 元
3. 尿療法治病的神奇	中尾良一著	130 元
4. 鐵證如山的尿療法奇蹟	廖玉山譯	120 元
5. 一日斷食健康法	葉慈容編譯	150 元
6. 胃部強健法	陳炳崑譯	120 元
7. 癌症早期檢查法	廖松濤譯	160 元
8. 老人痴呆症防止法	柯素娥編譯	130 元
9. 松葉汁健康飲料	陳麗芬編譯	130 元
10. 揉肚臍健康法	永井秋夫著	150 元
11. 過勞死、猝死的預防	卓秀貞編譯	130 元
12. 高血壓治療與飲食	藤山順豐著	180 元
13. 老人看護指南	柯素娥編譯	150 元
14. 美容外科淺談	楊啟宏著	150 元
15. 美容外科新境界	楊啟宏著	150 元
16. 鹽是天然的醫生	西英司郎著	140 元
17. 年輕十歲不是夢	梁瑞麟譯	200 元
18. 茶料理治百病	桑野和民著	180 元
19. 綠茶治病寶典	桑野和民著	150 元
20. 杜仲茶養顏減肥法	西田博著	150 元
21. 蜂膠驚人療效	瀨長良三郎著	180 元
22. 蜂膠治百病	瀨長良三郎著	180 元
23. 醫藥與生活㈠	鄭炳全著	180 元
24. 鈣長生寶典	落合敏著	180 元
25. 大蒜長生寶典	木下繁太郎著	160 元
26. 居家自我健康檢查	石川恭三著	160 元
27. 永恆的健康人生	李秀鈴譯	200 元
28. 大豆卵磷脂長生寶典	劉雪卿譯	150 元
29. 芳香療法	梁艾琳譯	160 元

30. 醋長生寶典　柯素娥譯　180 元
31. 從星座透視健康　席拉・吉蒂斯著　180 元
32. 愉悅自在保健學　野本二士夫著　160 元
33. 裸睡健康法　丸山淳士等著　160 元
34. 糖尿病預防與治療　藤田順豐著　180 元
35. 維他命長生寶典　菅原明子著　180 元
36. 維他命 C 新效果　鐘文訓編　150 元
37. 手、腳病理按摩　堤芳朗著　160 元
38. AIDS 瞭解與預防　彼得塔歇爾著　180 元
39. 甲殼質殼聚糖健康法　沈永嘉譯　160 元
40. 神經痛預防與治療　木下真男著　160 元
41. 室內身體鍛鍊法　陳炳崑編著　160 元
42. 吃出健康藥膳　劉大器編著　180 元
43. 自我指壓術　蘇燕謀編著　160 元
44. 紅蘿蔔汁斷食療法　李玉瓊編著　150 元
45. 洗心術健康秘法　竺翠萍編譯　170 元
46. 枇杷葉健康療法　柯素娥編譯　180 元
47. 抗衰血癒　楊啟宏著　180 元
48. 與癌搏鬥記　逸見政孝著　180 元
49. 冬蟲夏草長生寶典　高橋義博著　170 元
50. 痔瘡・大腸疾病先端療法　宮島伸宜著　180 元
51. 膠布治癒頑固慢性病　加瀨建造著　180 元
52. 芝麻神奇健康法　小林貞作著　170 元
53. 香煙能防止癡呆？　高田明和著　180 元
54. 穀菜食治癌療法　佐藤成志著　180 元
55. 貼藥健康法　松原英多著　180 元
56. 克服癌症調和道呼吸法　帶津良一著　180 元
57. B 型肝炎預防與治療　野村喜重郎著　180 元
58. 青春永駐養生導引術　早島正雄著　180 元
59. 改變呼吸法創造健康　原久子著　180 元
60. 荷爾蒙平衡養生秘訣　出村博著　180 元
61. 水美肌健康法　井戶勝富著　170 元
62. 認識食物掌握健康　廖梅珠編著　170 元
63. 痛風劇痛消除法　鈴木吉彥著　180 元
64. 酸莖菌驚人療效　上田明彥著　180 元
65. 大豆卵磷脂治現代病　神津健一著　200 元
66. 時辰療法—危險時刻凌晨 4 時　呂建強等著　180 元
67. 自然治癒力提升法　帶津良一著　180 元
68. 巧妙的氣保健法　藤平墨子著　180 元
69. 治癒 C 型肝炎　熊田博光著　180 元
70. 肝臟病預防與治療　劉名揚編著　180 元
71. 腰痛平衡療法　荒井政信著　180 元
72. 根治多汗症、狐臭　稻葉益巳著　220 元
73. 40 歲以後的骨質疏鬆症　沈永嘉譯　180 元

74. 認識中藥	松下一成著	180 元
75. 認識氣的科學	佐佐木茂美著	180 元
76. 我戰勝了癌症	安田伸著	180 元
77. 斑點是身心的危險信號	中野進著	180 元
78. 艾波拉病毒大震撼	玉川重德著	180 元
79. 重新還我黑髮	桑名隆一郎著	180 元
80. 身體節律與健康	林博史著	180 元
81. 生薑治萬病	石原結實著	180 元
82. 靈芝治百病	陳瑞東著	180 元
83. 木炭驚人的威力	大槻彰著	200 元
84. 認識活性氧	井土貴司著	180 元
85. 深海鮫治百病	廖玉山編著	180 元
86. 神奇的蜂王乳	井上丹治著	180 元
87. 卡拉 OK 健腦法	東潔著	180 元
88. 卡拉 OK 健康法	福田伴男著	180 元
89. 醫藥與生活(二)	鄭炳全著	200 元
90. 洋蔥治百病	宮尾興平著	180 元
91. 年輕 10 歲快步健康法	石塚忠雄著	180 元
92. 石榴的驚人神效	岡本順子著	180 元
93. 飲料健康法	白鳥早奈英著	180 元
94. 健康棒體操	劉名揚編譯	180 元
95. 催眠健康法	蕭京凌編著	180 元
96. 鬱金（美王）治百病	水野修一著	180 元

・實用女性學講座・電腦編號 19

1. 解讀女性內心世界	島田一男著	150 元
2. 塑造成熟的女性	島田一男著	150 元
3. 女性整體裝扮學	黃靜香編著	180 元
4. 女性應對禮儀	黃靜香編著	180 元
5. 女性婚前必修	小野十傳著	200 元
6. 徹底瞭解女人	田口二州著	180 元
7. 拆穿女性謊言 88 招	島田一男著	200 元
8. 解讀女人心	島田一男著	200 元
9. 俘獲女性絕招	志賀貢著	200 元
10. 愛情的壓力解套	中村理英子著	200 元
11. 妳是人見人愛的女孩	廖松濤編著	200 元

・校園系列・電腦編號 20

1. 讀書集中術	多湖輝著	180 元
2. 應考的訣竅	多湖輝著	150 元
3. 輕鬆讀書贏得聯考	多湖輝著	150 元

4. 讀書記憶秘訣	多湖輝著	150 元
5. 視力恢復！超速讀術	江錦雲譯	180 元
6. 讀書 36 計	黃柏松編著	180 元
7. 驚人的速讀術	鐘文訓編著	170 元
8. 學生課業輔導良方	多湖輝著	180 元
9. 超速讀超記憶法	廖松濤編著	180 元
10. 速算解題技巧	宋釗宜編著	200 元
11. 看圖學英文	陳炳崑編著	200 元
12. 讓孩子最喜歡數學	沈永嘉譯	180 元
13. 催眠記憶術	林碧清譯	180 元
14. 催眠速讀術	林碧清譯	180 元
15. 數學式思考學習法	劉淑錦譯	200 元
16. 考試憑要領	劉孝暉著	180 元
17. 事半功倍讀書法	王毅希著	200 元
18. 超金榜題名術	陳蒼杰譯	200 元

・實用心理學講座・電腦編號 21

1. 拆穿欺騙伎倆	多湖輝著	140 元
2. 創造好構想	多湖輝著	140 元
3. 面對面心理術	多湖輝著	160 元
4. 偽裝心理術	多湖輝著	140 元
5. 透視人性弱點	多湖輝著	140 元
6. 自我表現術	多湖輝著	180 元
7. 不可思議的人性心理	多湖輝著	180 元
8. 催眠術入門	多湖輝著	150 元
9. 責罵部屬的藝術	多湖輝著	150 元
10. 精神力	多湖輝著	150 元
11. 厚黑說服術	多湖輝著	150 元
12. 集中力	多湖輝著	150 元
13. 構想力	多湖輝著	150 元
14. 深層心理術	多湖輝著	160 元
15. 深層語言術	多湖輝著	160 元
16. 深層說服術	多湖輝著	180 元
17. 掌握潛在心理	多湖輝著	160 元
18. 洞悉心理陷阱	多湖輝著	180 元
19. 解讀金錢心理	多湖輝著	180 元
20. 拆穿語言圈套	多湖輝著	180 元
21. 語言的內心玄機	多湖輝著	180 元
22. 積極力	多湖輝著	180 元

·超現實心理講座· 電腦編號 22

1.	超意識覺醒法	詹蔚芬編譯	130 元
2.	護摩秘法與人生	劉名揚編譯	130 元
3.	秘法！超級仙術入門	陸明譯	150 元
4.	給地球人的訊息	柯素娥編著	150 元
5.	密教的神通力	劉名揚編著	130 元
6.	神秘奇妙的世界	平川陽一著	200 元
7.	地球文明的超革命	吳秋嬌譯	200 元
8.	力量石的秘密	吳秋嬌譯	180 元
9.	超能力的靈異世界	馬小莉譯	200 元
10.	逃離地球毀滅的命運	吳秋嬌譯	200 元
11.	宇宙與地球終結之謎	南山宏著	200 元
12.	驚世奇功揭秘	傅起鳳著	200 元
13.	啟發身心潛力心象訓練法	栗田昌裕著	180 元
14.	仙道術遁甲法	高藤聰一郎著	220 元
15.	神通力的秘密	中岡俊哉著	180 元
16.	仙人成仙術	高藤聰一郎著	200 元
17.	仙道符咒氣功法	高藤聰一郎著	220 元
18.	仙道風水術尋龍法	高藤聰一郎著	200 元
19.	仙道奇蹟超幻像	高藤聰一郎著	200 元
20.	仙道鍊金術房中法	高藤聰一郎著	200 元
21.	奇蹟超醫療治癒難病	深野一幸著	220 元
22.	揭開月球的神秘力量	超科學研究會	180 元
23.	西藏密教奧義	高藤聰一郎著	250 元
24.	改變你的夢術入門	高藤聰一郎著	250 元
25.	21 世紀拯救地球超技術	深野一幸著	250 元

·養 生 保 健· 電腦編號 23

1.	醫療養生氣功	黃孝寬著	250 元
2.	中國氣功圖譜	余功保著	250 元
3.	少林醫療氣功精粹	井玉蘭著	250 元
4.	龍形實用氣功	吳大才等著	220 元
5.	魚戲增視強身氣功	宮 嬰著	220 元
6.	嚴新氣功	前新培金著	250 元
7.	道家玄牝氣功	張 章著	200 元
8.	仙家秘傳袪病功	李遠國著	160 元
9.	少林十大健身功	秦慶豐著	180 元
10.	中國自控氣功	張明武著	250 元
11.	醫療防癌氣功	黃孝寬著	250 元
12.	醫療強身氣功	黃孝寬著	250 元
13.	醫療點穴氣功	黃孝寬著	250 元

14. 中國八卦如意功 趙維漢著 180元
15. 正宗馬禮堂養氣功 馬禮堂著 420元
16. 秘傳道家筋經內丹功 王慶餘著 280元
17. 三元開慧功 辛桂林著 250元
18. 防癌治癌新氣功 郭 林著 180元
19. 禪定與佛家氣功修煉 劉天君著 200元
20. 顛倒之術 梅自強著 360元
21. 簡明氣功辭典 吳家駿編 360元
22. 八卦三合功 張全亮著 230元
23. 朱砂掌健身養生功 楊永著 250元
24. 抗老功 陳九鶴著 230元
25. 意氣按穴排濁自療法 黃啟運編著 250元
26. 陳式太極拳養生功 陳正雷著 200元
27. 健身祛病小功法 王培生著 200元
28. 張式太極混元功 張春銘著 250元

・社會人智囊・ 電腦編號 24

1. 糾紛談判術 清水增三著 160元
2. 創造關鍵術 淺野八郎著 150元
3. 觀人術 淺野八郎著 180元
4. 應急詭辯術 廖英迪編著 160元
5. 天才家學習術 木原武一著 160元
6. 貓型狗式鑑人術 淺野八郎著 180元
7. 逆轉運掌握術 淺野八郎著 180元
8. 人際圓融術 澀谷昌三著 160元
9. 解讀人心術 淺野八郎著 180元
10. 與上司水乳交融術 秋元隆司著 180元
11. 男女心態定律 小田晉著 180元
12. 幽默說話術 林振輝編著 200元
13. 人能信賴幾分 淺野八郎著 180元
14. 我一定能成功 李玉瓊譯 180元
15. 獻給青年的嘉言 陳蒼杰譯 180元
16. 知人、知面、知其心 林振輝編著 180元
17. 塑造堅強的個性 坂上肇著 180元
18. 為自己而活 佐藤綾子著 180元
19. 未來十年與愉快生活有約 船井幸雄著 180元
20. 超級銷售話術 杜秀卿譯 180元
21. 感性培育術 黃靜香編著 180元
22. 公司新鮮人的禮儀規範 蔡媛惠譯 180元
23. 傑出職員鍛鍊術 佐佐木正著 180元
24. 面談獲勝戰略 李芳黛譯 180元
25. 金玉良言撼人心 森純大著 180元
26. 男女幽默趣典 劉華亭編著 180元

27. 機智說話術	劉華亭編著	180 元
28. 心理諮商室	柯素娥譯	180 元
29. 如何在公司崢嶸頭角	佐佐木正著	180 元
30. 機智應對術	李玉瓊編著	200 元
31. 克服低潮良方	坂野雄二著	180 元
32. 智慧型說話技巧	沈永嘉編著	180 元
33. 記憶力、集中力增進術	廖松濤編著	180 元
34. 女職員培育術	林慶旺編著	180 元
35. 自我介紹與社交禮儀	柯素娥編著	180 元
36. 積極生活創幸福	田中真澄著	180 元
37. 妙點子超構想	多湖輝著	180 元
38. 說 NO 的技巧	廖玉山編著	180 元
39. 一流說服力	李玉瓊編著	180 元
40. 般若心經成功哲學	陳鴻蘭編著	180 元
41. 訪問推銷術	黃靜香編著	180 元
42. 男性成功秘訣	陳蒼杰編著	180 元
43. 笑容、人際智商	宮川澄子著	180 元
44. 多湖輝的構想工作室	多湖輝著	200 元
45. 名人名語啟示錄	喬家楓著	180 元
46. 口才必勝術	黃柏松編著	220 元
47. 能言善道的說話術	章智冠編著	180 元
48. 改變人心成為贏家	多湖輝著	200 元
49. 說服的ＩＱ	沈永嘉譯	200 元
50. 提升腦力超速讀術	齊藤英治著	200 元
51. 操控對手百戰百勝	多湖輝著	200 元

・精 選 系 列・電腦編號 25

1. 毛澤東與鄧小平	渡邊利夫等著	280 元
2. 中國大崩裂	江戶介雄著	180 元
3. 台灣・亞洲奇蹟	上村幸治著	220 元
4. 7-ELEVEN 高盈收策略	國友隆一著	180 元
5. 台灣獨立（新・中國日本戰爭一）	森詠著	200 元
6. 迷失中國的末路	江戶雄介著	220 元
7. 2000 年 5 月全世界毀滅	紫藤甲子男著	180 元
8. 失去鄧小平的中國	小島朋之著	220 元
9. 世界史爭議性異人傳	桐生操著	200 元
10. 淨化心靈享人生	松濤弘道著	220 元
11. 人生心情診斷	賴藤和寬著	220 元
12. 中美大決戰	檜山良昭著	220 元
13. 黃昏帝國美國	莊雯琳譯	220 元
14. 兩岸衝突（新・中國日本戰爭二）	森詠著	220 元
15. 封鎖台灣（新・中國日本戰爭三）	森詠著	220 元
16. 中國分裂（新・中國日本戰爭四）	森詠著	220 元

17. 由女變男的我	虎井正衛著	200 元
18. 佛學的安心立命	松濤弘道著	220 元
19. 世界喪禮大觀	松濤弘道著	280 元
20. 中國內戰（新・中國日本戰爭五）	森詠著	220 元
21. 台灣內亂（新・中國日本戰爭六）	森詠著	220 元
22. 琉球戰爭①（新・中國日本戰爭七）	森詠著	220 元
23. 琉球戰爭②（新・中國日本戰爭八）	森詠著	220 元

・運 動 遊 戲・電腦編號 26

1. 雙人運動	李玉瓊譯	160 元
2. 愉快的跳繩運動	廖玉山譯	180 元
3. 運動會項目精選	王佑京譯	150 元
4. 肋木運動	廖玉山譯	150 元
5. 測力運動	王佑宗譯	150 元
6. 游泳入門	唐桂萍編著	200 元

・休 閒 娛 樂・電腦編號 27

1. 海水魚飼養法	田中智浩著	300 元
2. 金魚飼養法	曾雪玫譯	250 元
3. 熱門海水魚	毛利匡明著	480 元
4. 愛犬的教養與訓練	池田好雄著	250 元
5. 狗教養與疾病	杉浦哲著	220 元
6. 小動物養育技巧	三上昇著	300 元
7. 水草選擇、培育、消遣	安齊裕司著	300 元
8. 四季釣魚法	釣朋會著	200 元
9. 簡易釣魚入門	張果馨譯	200 元
10. 防波堤釣入門	張果馨譯	220 元
20. 園藝植物管理	船越亮二著	220 元
40. 撲克牌遊戲與贏牌秘訣	林振輝編著	180 元
41. 撲克牌魔術、算命、遊戲	林振輝編著	180 元
42. 撲克占卜入門	王家成編著	180 元
50. 兩性幽默	幽默選集編輯組	180 元
51. 異色幽默	幽默選集編輯組	180 元

・銀髮族智慧學・電腦編號 28

1. 銀髮六十樂逍遙	多湖輝著	170 元
2. 人生六十反年輕	多湖輝著	170 元
3. 六十歲的決斷	多湖輝著	170 元
4. 銀髮族健身指南	孫瑞台編著	250 元
5. 退休後的夫妻健康生活	施聖茹譯	200 元

・飲食保健・電腦編號 29

1.	自己製作健康茶	大海淳著	220 元
2.	好吃、具藥效茶料理	德永睦子著	220 元
3.	改善慢性病健康藥草茶	吳秋嬌譯	200 元
4.	藥酒與健康果菜汁	成玉編著	250 元
5.	家庭保健養生湯	馬汴梁編著	220 元
6.	降低膽固醇的飲食	早川和志著	200 元
7.	女性癌症的飲食	女子營養大學	280 元
8.	痛風者的飲食	女子營養大學	280 元
9.	貧血者的飲食	女子營養大學	280 元
10.	高脂血症者的飲食	女子營養大學	280 元
11.	男性癌症的飲食	女子營養大學	280 元
12.	過敏者的飲食	女子營養大學	280 元
13.	心臟病的飲食	女子營養大學	280 元
14.	滋陰壯陽的飲食	王增著	220 元
15.	胃、十二指腸潰瘍的飲食	勝健一等著	280 元
16.	肥胖者的飲食	雨宮禎子等著	280 元

・家庭醫學保健・電腦編號 30

1.	女性醫學大全	雨森良彥著	380 元
2.	初為人父育兒寶典	小瀧周曹著	220 元
3.	性活力強健法	相建華著	220 元
4.	30 歲以上的懷孕與生產	李芳黛編著	220 元
5.	舒適的女性更年期	野末悅子著	200 元
6.	夫妻前戲的技巧	笠井寬司著	200 元
7.	病理足穴按摩	金慧明著	220 元
8.	爸爸的更年期	河野孝旺著	200 元
9.	橡皮帶健康法	山田晶著	180 元
10.	三十三天健美減肥	相建華等著	180 元
11.	男性健美入門	孫玉祿編著	180 元
12.	強化肝臟秘訣	主婦の友社編	200 元
13.	了解藥物副作用	張果馨譯	200 元
14.	女性醫學小百科	松山榮吉著	200 元
15.	左轉健康法	龜田修等著	200 元
16.	實用天然藥物	鄭炳全編著	260 元
17.	神秘無痛平衡療法	林宗駛著	180 元
18.	膝蓋健康法	張果馨譯	180 元
19.	針灸治百病	葛書翰著	250 元
20.	異位性皮膚炎治癒法	吳秋嬌譯	220 元
21.	禿髮白髮預防與治療	陳炳崑編著	180 元
22.	埃及皇宮菜健康法	飯森薰著	200 元

23. 肝臟病安心治療	上野幸久著	220 元
24. 耳穴治百病	陳抗美等著	250 元
25. 高效果指壓法	五十嵐康彥著	200 元
26. 瘦水、胖水	鈴木園子著	200 元
27. 手針新療法	朱振華著	200 元
28. 香港腳預防與治療	劉小惠譯	250 元
29. 智慧飲食吃出健康	柯富陽編著	200 元
30. 牙齒保健法	廖玉山編著	200 元
31. 恢復元氣養生食	張果馨譯	200 元
32. 特效推拿按摩術	李玉田著	200 元
33. 一週一次健康法	若狹真著	200 元
34. 家常科學膳食	大塚滋著	220 元
35. 夫妻們關心的男性不孕	原利夫著	220 元
36. 自我瘦身美容	馬野詠子著	200 元
37. 魔法姿勢益健康	五十嵐康彥著	200 元
38. 眼病錘療法	馬栩周著	200 元
39. 預防骨質疏鬆症	藤田拓男著	200 元
40. 骨質增生效驗方	李吉茂編著	250 元
41. 蕺菜健康法	小林正夫著	200 元
42. 赧於啟齒的男性煩惱	增田豐著	220 元
43. 簡易自我健康檢查	稻葉允著	250 元
44. 實用花草健康法	友田純子著	200 元
45. 神奇的手掌療法	日比野喬著	230 元
46. 家庭式三大穴道療法	刑部忠和著	200 元
47. 子宮癌、卵巢癌	岡島弘幸著	220 元
48. 糖尿病機能性食品	劉雪卿編著	220 元
49. 奇蹟活現經脈美容法	林振輝編譯	200 元
50. Super SEX	秋好憲一著	220 元
51. 了解避孕丸	林玉佩譯	200 元
52. 有趣的遺傳學	蕭京凌編著	200 元
53. 強身健腦手指運動	羅群等著	250 元
54. 小周天健康法	莊雯琳譯	200 元
55. 中西醫結合醫療	陳蒼杰譯	200 元
56. 沐浴健康法	楊鴻儒譯	200 元
57. 節食瘦身秘訣	張芷欣編著	200 元

・超經營新智慧・電腦編號 31

1. 躍動的國家越南	林雅倩譯	250 元
2. 甦醒的小龍菲律賓	林雅倩譯	220 元
3. 中國的危機與商機	中江要介著	250 元
4. 在印度的成功智慧	山內利男著	220 元
5. 7-ELEVEN 大革命	村上豐道著	200 元
6. 業務員成功秘方	呂育清編著	200 元

7. 在亞洲成功的智慧 鈴木讓二著 220元
8. 圖解活用經營管理 山際有文著 220元
9. 速效行銷學 江尻弘著 220元

・親子系列・電腦編號 32

1. 如何使孩子出人頭地 多湖輝著 200元
2. 心靈啟蒙教育 多湖輝著 280元

・雅致系列・電腦編號 33

1. 健康食譜春冬篇 丸元淑生著 200元
2. 健康食譜夏秋篇 丸元淑生著 200元
3. 純正家庭料理 陳建民等著 200元
4. 家庭四川菜 陳建民著 200元
5. 醫食同源健康美食 郭長聚著 200元
6. 家族健康食譜 東畑朝子著 200元

・美術系列・電腦編號 34

1. 可愛插畫集 鉛筆等著 220元
2. 人物插畫集 鉛筆等著 220元

・心靈雅集・電腦編號 00

1. 禪言佛語看人生 松濤弘道著 180元
2. 禪密教的奧秘 葉逯謙譯 120元
3. 觀音大法力 田口日勝著 120元
4. 觀音法力的大功德 田口日勝著 120元
5. 達摩禪 106 智慧 劉華亭編譯 220元
6. 有趣的佛教研究 葉逯謙編譯 170元
7. 夢的開運法 蕭京凌譯 180元
8. 禪學智慧 柯素娥編譯 130元
9. 女性佛教入門 許俐萍譯 110元
10. 佛像小百科 心靈雅集編譯組 130元
11. 佛教小百科趣談 心靈雅集編譯組 120元
12. 佛教小百科漫談 心靈雅集編譯組 150元
13. 佛教知識小百科 心靈雅集編譯組 150元
14. 佛學名言智慧 松濤弘道著 220元
15. 釋迦名言智慧 松濤弘道著 220元
16. 活人禪 平田精耕著 120元
17. 坐禪入門 柯素娥編譯 150元
18. 現代禪悟 柯素娥編譯 130元

19. 道元禪師語錄	心靈雅集編譯組	130 元
20. 佛學經典指南	心靈雅集編譯組	130 元
21. 何謂「生」阿含經	心靈雅集編譯組	150 元
22. 一切皆空　般若心經	心靈雅集編譯組	180 元
23. 超越迷惘　法句經	心靈雅集編譯組	130 元
24. 開拓宇宙觀　華嚴經	心靈雅集編譯組	180 元
25. 真實之道　法華經	心靈雅集編譯組	130 元
26. 自由自在　涅槃經	心靈雅集編譯組	130 元
27. 沈默的教示　維摩經	心靈雅集編譯組	150 元
28. 開通心眼　佛語佛戒	心靈雅集編譯組	130 元
29. 揭秘寶庫　密教經典	心靈雅集編譯組	180 元
30. 坐禪與養生	廖松濤譯	110 元
31. 釋尊十戒	柯素娥編譯	120 元
32. 佛法與神通	劉欣如編著	120 元
33. 悟（正法眼藏的世界）	柯素娥編譯	120 元
34. 只管打坐	劉欣如編著	120 元
35. 喬答摩・佛陀傳	劉欣如編著	120 元
36. 唐玄奘留學記	劉欣如編著	120 元
37. 佛教的人生觀	劉欣如編譯	110 元
38. 無門關(上卷)	心靈雅集編譯組	150 元
39. 無門關(下卷)	心靈雅集編譯組	150 元
40. 業的思想	劉欣如編著	130 元
41. 佛法難學嗎	劉欣如著	140 元
42. 佛法實用嗎	劉欣如著	140 元
43. 佛法殊勝嗎	劉欣如著	140 元
44. 因果報應法則	李常傳編	180 元
45. 佛教醫學的奧秘	劉欣如編著	150 元
46. 紅塵絕唱	海　若著	130 元
47. 佛教生活風情	洪丕謨、姜玉珍著	220 元
48. 行住坐臥有佛法	劉欣如著	160 元
49. 起心動念是佛法	劉欣如著	160 元
50. 四字禪語	曹洞宗青年會	200 元
51. 妙法蓮華經	劉欣如編著	160 元
52. 根本佛教與大乘佛教	葉作森編	180 元
53. 大乘佛經	定方晟著	180 元
54. 須彌山與極樂世界	定方晟著	180 元
55. 阿闍世的悟道	定方晟著	180 元
56. 金剛經的生活智慧	劉欣如著	180 元
57. 佛教與儒教	劉欣如編譯	180 元
58. 佛教史入門	劉欣如編譯	180 元
59. 印度佛教思想史	劉欣如編譯	200 元
60. 佛教與女姓	劉欣如編譯	180 元
61. 禪與人生	洪丕謨主編	260 元
62. 領悟佛經的智慧	劉欣如著	200 元

・經 營 管 理・電腦編號 01

◎ 創新經營管理六十六大計(精)	蔡弘文編	780元
1. 如何獲取生意情報	蘇燕謀譯	110元
2. 經濟常識問答	蘇燕謀譯	130元
4. 台灣商戰風雲錄	陳中雄著	120元
5. 推銷大王秘錄	原一平著	180元
6. 新創意・賺大錢	王家成譯	90元
7. 工廠管理新手法	琪　輝著	120元
10. 美國實業 24 小時	柯順隆譯	80元
11. 撼動人心的推銷法	原一平著	150元
12. 高竿經營法	蔡弘文編	120元
13. 如何掌握顧客	柯順隆譯	150元
17. 一流的管理	蔡弘文編	150元
18. 外國人看中韓經濟	劉華亭譯	150元
20. 突破商場人際學	林振輝編著	90元
22. 如何使女人打開錢包	林振輝編著	100元
24. 小公司經營策略	王嘉誠著	160元
25. 成功的會議技巧	鐘文訓編譯	100元
26. 新時代老闆學	黃柏松編著	100元
27. 如何創造商場智囊團	林振輝編譯	150元
28. 十分鐘推銷術	林振輝編譯	180元
29. 五分鐘育才	黃柏松編譯	100元
33. 自我經濟學	廖松濤編譯	100元
34. 一流的經營	陶田生編著	120元
35. 女性職員管理術	王昭國編譯	120元
36. ＩＢＭ的人事管理	鐘文訓編譯	150元
37. 現代電腦常識	王昭國編譯	150元
38. 電腦管理的危機	鐘文訓編譯	120元
39. 如何發揮廣告效果	王昭國編譯	150元
40. 最新管理技巧	王昭國編譯	150元
41. 一流推銷術	廖松濤編譯	150元
42. 包裝與促銷技巧	王昭國編譯	130元
43. 企業王國指揮塔	松下幸之助著	120元
44. 企業精銳兵團	松下幸之助著	120元
45. 企業人事管理	松下幸之助著	100元
46. 華僑經商致富術	廖松濤編譯	130元
47. 豐田式銷售技巧	廖松濤編譯	180元
48. 如何掌握銷售技巧	王昭國編著	130元
50. 洞燭機先的經營	鐘文訓編譯	150元
52. 新世紀的服務業	鐘文訓編譯	100元
53. 成功的領導者	廖松濤編譯	120元
54. 女推銷員成功術	李玉瓊編譯	130元

國家圖書館出版品預行編目資料

猶太成功商法 / 周蓮芬編著. — 2版. — 臺北市 : 大展, 民88
面 : 公分. —(超經營新智慧 : 10)
ISBN 957-557-960-7(平裝)
1. 企業管理 2. 成功法 3. 猶太民族
494 88012969

ISBN 957-557-960-7

猶太成功商法

編 著 者／周　蓮　芬
發 行 人／蔡　森　明
出 版 者／大展出版社有限公司
社　　址／台北市北投區（石牌）致遠一路二段12巷1號
電　　話／(02) 28236031・28236033
傳　　眞／(02) 28272069
郵政劃撥／0166955－1
登 記 證／局版臺業字第2171號
承 印 者／國順圖書印刷公司
裝　　訂／嶸興裝訂有限公司
排 版 者／千兵企業有限公司
電　　話／(02) 28812643
初版 1 刷／1989年（民78年）10月
2 版 1 刷／1999年（民88年）11月

定　　價／200元

大展好書 好書大展